化学工业出版社“十四五”普通高等教育规划教材

应用化学综合设计实验

赵东林 主 编
李 浩 方霄龙 副主编

YINGYONG HUAXUE
ZONGHE SHEJI SHIYAN

化学工业出版社
·北京·

内容简介

《应用化学综合设计实验》内容涉及功能材料化学、能源化学、应用分析化学、金属有机化学和理论计算化学五大方向，共计32个实验项目。本书反映了应用化学专业知识在能源、材料、环境、化工等领域应用的前沿技术，旨在通过一系列实验项目，培养学生的科研思维及实验设计、数据分析与解决问题的能力，开阔专业视野。

本教材可作为高等院校应用化学、化学工程与工艺、材料化学、环境科学等相关专业高年级本科生的综合实验教材。

图书在版编目（CIP）数据

应用化学综合设计实验 / 赵东林主编 ；李浩，方霄龙副主编. —北京：化学工业出版社，2026. 3.

（化学工业出版社“十四五”普通高等教育规划教材）.

ISBN 978-7-122-49938-7

Ⅰ. O69-33

中国国家版本馆 CIP 数据核字第 2026CH4171 号

责任编辑：汪 靓 宋林青　　文字编辑：高 琼

责任校对：杜杏然　　装帧设计：史利平

出版发行：化学工业出版社

（北京市东城区青年湖南街13号 邮政编码100011）

印　　装：北京科印技术咨询服务有限公司数码印刷分部

787mm×1092mm 1/16 印张7½ 字数180千字

2026年3月北京第1版第1次印刷

购书咨询：010-64518888　　售后服务：010-64518899

网　　址：http://www.cip.com.cn

凡购买本书，如有缺损质量问题，本社销售中心负责调换。

定　　价：25.00元

前言

应用化学是一门实践性极强的学科，其发展不仅依赖于理论的突破，更离不开实验技术的创新与综合应用。为适应新形势下对高素质化学人才的培养需求，我们编写了这本《应用化学综合设计实验》，旨在引导学生实现从基础性、验证性实验向综合性、设计性和研究性实验过渡，培养学生解决复杂科学问题的能力和创新思维。

本实验教材汇聚了应用化学领域的多个研究方向，内容涵盖功能材料的设计与合成、催化过程与机理研究、环境分析与污染治理技术、能源转化与存储材料、有机合成与表征以及理论计算化学等多个热门交叉领域。本书基于“综合”与“设计”并重的理念设计，每个实验都是一个完整的微型科研课题。学生需要运用多学科知识实现材料合成、成分检测、性能表征等多个环节，完成从文献调研、实验方案设计、材料制备与性能测试到数据分析与报告撰写的全过程。我们特别引入了理论计算模块，鼓励学生通过第一性原理等计算方法深入理解化学反应机理和构效关系，实现“实验-理论”的相互验证与融合。

参与《应用化学综合设计实验》教材编写的人员有：王秀芳（实验九、十、十一、二十），张峰君（实验十四、十五），赵东林（实验五、六），方霄龙（实验二十五、二十六），孙梅（实验二、三），邹文生（实验七、八），黄静（实验三十、三十一），耿竞（实验二十一、二十二），李海斌（实验十九、二十三），瞿其曙（实验一），李浩（实验四），胡寒梅、张克华（实验十二、二十七），苏秦（实验十三），陈霞（实验十六），夏静静（实验十七），吴世彪（实验十八），胡强飞（实验二十四），孔维丽（实验二十八），李洁（实验二十九），谢蓉（实验三十二），全书由赵东林统稿。

通过本系列综合设计实验的训练，学生不仅能够熟练掌握现代化学研究的各种先进技术和仪器操作，更能培养严谨的科学态度、积极的探索精神和独立的科研能力，为将来从事分析检测、技术研发或科学研究打下坚实的基础。

由于编者水平有限，书中难免存在疏漏与不足之处，恳请各位师生和读者批评指正。

赵东林

2025 年 9 月

目录

第一章
功能材料化学

实验一 TiO_2/SiO_2 核壳型复合固定相的制备

一、实验目的

1. 熟悉色谱固定相的基本特点。
2. 掌握 SiO_2 核壳固定相的制备方法。
3. 掌握 TiO_2 在 SiO_2 核壳颗粒孔道内的可控修饰过程。

二、实验原理

在众多的无机材料中，TiO_2 具有优异的化学稳定性和热稳定性，可在 pH＝1～14 范围内使用。TiO_2 的表面还具有特殊的两性离子交换基团，因此可以根据 pH 值成为阳离子或阴离子交换剂，而 SiO_2 仅充当阳离子交换剂。使用 TiO_2 作为载体材料的另一个独特优势是它能够选择性吸附有机磷酸盐化合物，可用于选择性富集或分离磷酸盐化合物以及磷酸化的蛋白质和肽。这些优点使 TiO_2 具有比 SiO_2 固定相更好的色谱分离性能。然而，TiO_2 目前在高效液相色谱（HPLC）固定相市场中的份额很小。造成这种现象的主要原因有四个：

① 实验室常规方法合成得到的 TiO_2 颗粒粒径太小，导致柱压过高。目前大多数方法制备的 TiO_2 颗粒粒径在 1 μm 左右。例如，Caruso 课题组将溶胶-凝胶法（sol-gel）和溶剂热法结合在一起，制备了高度结晶的介孔 TiO_2 颗粒。该方法制备的 TiO_2 颗粒粒径可调，但最大粒径只有约 1.1 μm。Yin 等开发了一种通过溶剂蒸发工艺制备单分散 TiO_2 颗粒的方法，但是粒径不到 1 μm。

② TiO_2 单分散性差，导致柱效偏低。例如，左育民等用聚合诱导胶体聚集法制备了粒径约 3.5 μm 的球形多孔 TiO_2 颗粒，但颗粒之间存在粘连。Du 等采用 sol-gel 制备了粒径为 5 μm 的 TiO_2 颗粒，但颗粒粘连比较明显且颗粒粒径分布较宽。

③ 比表面积和孔容比较小，导致柱容量低。为了控制 TiO_2 颗粒的晶型，提高 TiO_2 颗粒的机械稳定性，需要在 450 ℃以上的温度下对制备的 TiO_2 颗粒进行热处理。这导致 TiO_2 颗粒的比表面积（<17 m^2/g）和孔体积较低。例如，Du 等采用 350 ℃煅烧后的 TiO_2 颗粒的比表面积为 60 m^2/g，孔容为 0.07 cm^3/g；左等采用 900 ℃煅烧后的 TiO_2 颗粒的比

表面积为 37 m^2/g，孔容为 0.07 cm^3/g；Caruso 等采用 500 ℃煅烧后的 TiO_2 颗粒的比表面积<10 m^2/g，孔容<0.03 cm^3/g。

④ TiO_2 制备技术复杂、耗时且难以按比例放大。Caruso 等采用种子生长法制备了粒径约为 2.2 μm 的 TiO_2 颗粒，颗粒单分散性好，但制备难度很大且制备时间长达 10 天，不适合批量生产。此外，采用该方法制备的颗粒仍存在比表面积（<15 m^2/g）和孔容（<0.05 cm^3/g）偏低的缺点。

为了克服 TiO_2 颗粒制备中存在的这些问题，可以采用易于制备的 SiO_2 颗粒作为基体，制备 TiO_2/SiO_2 复合固定相。TiO_2/SiO_2 复合材料的选择性比单一 SiO_2 高，因而近年来备受关注。

目前，TiO_2/SiO_2 复合固定相的制备方法主要有两种：①层层组装法。采用聚电解质或表面活性剂作为中介，将 TiO_2 通过层层吸附的方法组装到 SiO_2 颗粒表面。②沉积法。将 TiO_2 通过液相沉积法或原子层沉积法修饰到 SiO_2 颗粒表面。值得注意的是，采用这两种表面修饰方法制备复合固定相时，如果 TiO_2 修饰层过厚，SiO_2 材料的性能将无法得到体现，并且颗粒之间往往会出现严重的粘连，导致分离柱效显著下降。但是，如果 TiO_2 修饰层太薄，又会导致柱容过低。更为重要的是，表面修饰法得到的复合固定相的孔径、孔容和比表面积都取决于 TiO_2 修饰层的结构。然而，TiO_2 材料结构调控比较困难。因此，目前 TiO_2/SiO_2 复合固定相的制备方法只解决了粒径在 2.5 μm 以上的 TiO_2 颗粒制备困难的问题，TiO_2 颗粒之间存在的粘连、比表面积和孔容偏低等问题并没有得到解决。

与 TiO_2 相比，SiO_2 颗粒的粒径可方便地控制在 0.1～10 μm 之间，孔径可方便地控制在 10～20 nm 之间。因此，如果 TiO_2 不是修饰到 SiO_2 颗粒的外表面而是在 SiO_2 颗粒的孔隙内壁进行修饰，则可以解决上述 TiO_2 固定相所面临的问题。制备得到的 TiO_2 颗粒的直径可以通过控制作为基体的 SiO_2 颗粒的直径来进行调节。TiO_2 颗粒的孔径可以通过调节 SiO_2 颗粒的孔径或通过控制孔中负载的 TiO_2 的量来控制。

本实验在详细了解钛酸四丁酯（TBOT）水解过程的基础上，通过控制反应速率将 TiO_2 纳米团簇修饰到 SiO_2 核壳颗粒的孔隙中。由于 TiO_2 被修饰到 SiO_2 核壳颗粒的孔道内部，因此在随后的煅烧处理过程中不会发生颗粒的黏附。孔内壁 TiO_2 的修饰量可控，从而保留了原始 SiO_2 核壳颗粒的孔结构。因此，通过调节 SiO_2 核壳颗粒的结构可以很容易地控制 TiO_2 核壳颗粒的结构，从而获得具有更高分离效率的 SiO_2/TiO_2 复合固定相。

三、仪器与药品

1. 仪器

500 mL/24 mm、100 mL/24 mm 单颈圆底烧瓶各 1 只，恒温磁力水浴搅拌反应器 1 台，高纯氮气，电动搅拌装置一套。

2. 药品

十六烷基三甲基溴化铵（CTAB，≥99%），尿素，环己烷，异丙醇，正硅酸四乙酯（TEOS），钛酸四丁酯（TBOT），氨水，乙腈，无水乙醇，SiO_2 颗粒（约 2 μm）。

四、实验内容

1. SiO_2 核壳颗粒的制备

① 取 500 mL 圆底烧瓶一个，加入 3.0 g 2 μm SiO_2 颗粒，再加 180 mL H_2O，然后充分超声分散；

② 所有 SiO_2 颗粒分散均匀后，在快速搅拌状态下加入 1.8 g 尿素、3.0 g CTAB、2.76 mL 异丙醇、180 mL 环己烷；

③ 将圆底烧瓶浸入水浴锅中，升温至 70 ℃，然后加入 2 mL TEOS，在 70 ℃下反应 16 h；

④ 取 8 只 50 mL 离心管，将圆底烧瓶中的溶液倒入离心管中，在 6000 r/min 下，离心 3 min；然后倒掉上层清液，加入 30 mL 无水乙醇，振荡分散后再次在 6000 r/min 下离心 3 min，倒掉清液后将离心管放入烘箱中，70 ℃下烘 5 h；

⑤ 将烘干的颗粒转入瓷舟，放入马弗炉中，550 ℃下煅烧 5 h，升温速率控制在 1 ℃/min。

2. SiO_2/TiO_2 复合固定相的制备

① 将 3 g 干燥的 SiO_2 核壳颗粒转入完全烘干后的 100 mL 圆底烧瓶，加入 48 mL 乙腈溶液，超声 30 min，然后加入 0.4 mL 氨水，即得 A 溶液；

② 将 2 mL TBOT 分散于 16 mL 无水乙醇中，即得 B 溶液；

③ 将 B 溶液快速加入 A 溶液中，然后在搅拌状态下反应 5 min；

④ 将反应得到的溶液倒入 50 mL 离心管中，在 6000 r/min 下离心 3 min；倒掉上层液体，加入 30 mL 无水乙醇，超声分散颗粒；将超声分散后的颗粒再次在 6000 r/min 下离心 3 min；上述过程重复 3 遍；

⑤ 将离心得到的固体颗粒放入烘箱中，70 ℃下烘 5 h；

⑥ 将烘干的颗粒转入瓷舟，放入马弗炉中，550 ℃下煅烧 5 h，升温速率控制在 5 ℃/min。

五、颗粒表征

① 采用光学显微镜观察制备得到的颗粒的单分散性；

② XRD 测定 TiO_2 固定相的晶型结构。

六、注意事项

1. SiO_2 颗粒必须完全分散于 H_2O 中，不能有明显的聚集现象。

2. CTAB 需要完全溶解。

3. 圆底烧瓶要完全浸入水浴锅中。

4. 制备得到的 SiO_2 核壳颗粒在煅烧时的升温速率需要准确控制在 1 ℃/min。

5. 用于修饰 TiO_2 的圆底烧瓶必须在 110 ℃下干燥至少 2 h，烘干后的圆底烧瓶需要及时放入干燥器中。

七、思考题

1. 作为基体的 SiO_2 颗粒为什么要完全分散？

2. 影响 SiO_2 核壳颗粒的孔径和壳层厚度的因素有哪些？

3. SiO_2 核壳颗粒煅烧时为什么升温速率不能太快？

4. TBOT 修饰时为什么要用完全干燥的圆底烧瓶？

5. TiO_2 修饰后的复合颗粒在清洗时为什么要采用无水乙醇？是否可以采用 95%乙醇或其他溶剂？

参考文献

[1] Polshettiwar V, Cha D K, Zhang X X, et al. High-surface-area silica nanospheres (KCC-1) with a fibrous morphology [J]. Angewandte Chemie International Edition, 2010, 49: 9652-9656.

[2] Chen D H, Huang F Z, Cheng Y B, et al. Mesoporous anatase TiO_2 beads with high surface areas and controllable pore sizes: a superior candidate for high-performance dye-sensitized solar cells [J]. Advanced Materials, 2009, 21: 2206-2210.

[3] Du L X, Jiang Z T, Li R. Preparation of porous titania microspheres for HPLC packing by sol-gel method [J]. Materials Letters, 2013, 95: 17-20.

[4] Ge J, Li Y M, Chen L R. Characterization of TiO_2/SiO_2 based stationary phase for RP-HPLC [J]. Journal of Liquid Chromatography & Related Technologies, 2006, 29: 2329-2339.

[5] Qu Q S, Min Y, Zhang L H. et al. Silica microspheres with fibrous shells: synthesis and application in HPLC [J]. Analytical Chemistry, 2015, 87: 9631-9638.

实验二 Fe_3O_4@SiO_2@Ag 磁性纳米材料的制备及 SERS 研究

一、实验目的

1. 了解表面增强拉曼散射（SERS）的基本原理。

2. 掌握水热合成法制备磁性纳米材料。

3. 熟悉扫描电镜（SEM）、透射电镜（TEM）、X 射线粉末衍射仪（XRD）结构表征和 SERS 测试。

二、实验原理

当特定波长的入射光照射到物质上时，除了吸收和透过之外，还会产生反射和散射两种作用。散射作用根据是否是弹性碰撞及是否有能量交换，又可分为瑞利（Rayleigh）散射和拉曼（Raman）散射。瑞利散射是弹性碰撞，没有能量交换，仅改变方向；拉曼散射是非弹性碰撞，既有方向改变又有能量交换。拉曼散射效应可以通过表面增强拉曼散射（SERS）来提高。

第一个观察到表面增强拉曼光谱的是 Fleischmann，他在电化学实验中发现，当吡啶分子作用于银表面时，存在拉曼光谱增强效应。这种增强效应的物理基础是接近粗糙银电极表面的吡啶分子发生了非弹性散射的增强。当入射光与粗糙的贵金属表面相互作用时，局部表面等离子体共振（LSPR）会被激发，产生较大的电磁场增强，即产生 SERS 效应。因此表面粗糙的贵金属纳米粒子，如 Au 和 Ag 纳米粒子，已被用于制备具有高灵敏度的 SERS 活性基底。

表面等离子体共振是促进电磁场增强的主要效应，又在很大程度上取决于纳米粒子的尺寸、形貌、组成和聚集状态。因此，人们已经研制出各种形貌的金属纳米结构，比如线状、棒状、球状、纺锤体、立方体、三角形和星形，这些结构可以大大增强表面等离子体共振，从而增强拉曼信号。因此，制备具有良好稳定性、均匀性和重复性的 SERS 增强纳米颗粒是非常重要的。

表面增强拉曼散射具有独特的指纹光谱、无损快速检测和高灵敏度等优点，是一种实用的化学和生物分子传感鉴定分析工具，已广泛应用在医学、公共安全、食品安全、监测等领域。尽管如此，SERS 在实际的分析检测过程中仍面临着一些问题和挑战，比如：实际样品中复杂组分的干扰；采用贵金属作为 SERS 基底以及常规条件下无法循环使用，增加了分析检测的成本；SERS 基底对特异性分析检测物的富集作用有限；构建 SERS 活性热点的方法过于复杂；等等。而磁性纳米粒子（MNPs）具有的优点可以为解决这些问题提供简单、有效的方案。通过附加外磁场，磁性 SERS 基底不仅可以方便、快捷地将分析物与 SERS 基底分离，减少其他复杂组分的干扰，还可以磁聚集后循环使用；同时，磁场作用下的分离富集也有利于低含量分析组分的检测；并且，磁性 SERS 基底在外加磁场作用下可以可控聚集甚至有序排列，从而导致 SERS 基底之间的“nanogap”增多，提高 SERS 基底之间的电磁场耦合作用，进一步增强 SERS 信号。为此，人们制备了各种各样的磁性 SERS 纳米复合材料，通过合理设计磁性纳米粒子-等离子激元材料的复合结构，有效地将磁性纳米粒子的优点加入 SERS 基底的研究中，极大地提高 SERS 活性，拓宽其应用领域。

近年来，Fe_3O_4 磁性纳米颗粒由于其高磁场饱和强度、生物相容性、在生物技术和生物医学上的低毒性等特点而备受关注，而且 Fe_3O_4 磁性纳米颗粒与贵金属（Au、Ag）纳米颗粒结合将有利于 SERS 信号的增强及磁选/磁分离。特别是在磁性-等离子体共振纳米结构的可控磁聚集诱导下，光学热点显著增多，SERS 信号必然会以指数方式增强。例如，Yang 等人制备了高活性的 SERS 基底 Fe_3O_4/C/Au，利用在外加磁场下的聚集而产生更多的 SERS 热点，从而监测催化反应。Li 课题组报道了具有良好 SERS 活性、较高的重现性和稳定性的 Fe_3O_4@TiO_2@Au 纳米粒子，可作为优良的 SERS 分析工具。Wang 等人在 Fe_3O_4@SiO_2 微球上包覆银，具有较强的 SERS 信号，可用于检测三聚氰胺。磁纳米粒子的 SERS 增强与其高局部曲率、大纵横比、有尖锐点、突出点的形状特征密切相关。例如，Liu 等合成了类似海胆状的 Fe_3O_4@C@Ag 磁性纳米粒子，能降低有机污染物的最低 SERS 检测限且能回收利用。当前，磁性 SERS 纳米复合材料的制备和应用已经成为 SERS 领域的研究热点之一。

本实验制备出球状 Fe_3O_4@SiO_2@Ag 磁性纳米复合材料，并以对氨基苯硫酚（PATP）、福美双作为探针分子，进行 SERS 基底性能的研究。

三、仪器与药品

1. 仪器

聚四氟乙烯反应釜（50 mL），电热恒温鼓风干燥箱，磁铁，恒温水浴槽，X 射线光电子能谱仪（XPS），扫描电镜（SEM），透射电镜（TEM），X 射线粉末衍射仪（XRD），共焦拉曼光谱仪。

2. 药品

六水三氯化铁（$FeCl_3 \cdot 6H_2O$），聚乙烯吡咯烷酮（PVP），聚乙二醇（PEG），醋酸钠（NaAc），乙二醇（EG），正硅酸四乙酯（TEOS），氨水（28%），硝酸银（$AgNO_3$），乙醇，正丁胺，对巯基苯硫酚（PATP），福美双，超纯水。

四、实验内容

合成路线如图 1-1 所示。

1. 球状 Fe_3O_4 磁性纳米粒子的制备

将 1.35 g $FeCl_3 \cdot 6H_2O$、1.0 g 聚乙二醇分别溶于 40 mL 乙二醇中，超声及磁力搅拌使其充分溶解，缓慢地加入 3.6 g 无水醋酸钠，超声、搅拌至均一的黄色溶液，然后将其装入 50 mL 聚四氟乙烯内胆的不锈钢高压反应釜内，置于烘箱中，200 ℃下反应 10 h，冷却至室温，用磁铁分离黑色产物，用乙醇、水反复清洗多次，60 ℃下烘干产物即可。

2. Fe_3O_4@SiO_2 的制备

向 20 mL 去离子水中加入 100 mg 上述球状 Fe_3O_4 磁性纳米粒子，超声 20 min 使其分散。再加入 1 g 聚乙烯吡咯烷酮，超声完全溶解后，搅拌 14 h，用磁铁分离样品，水洗多

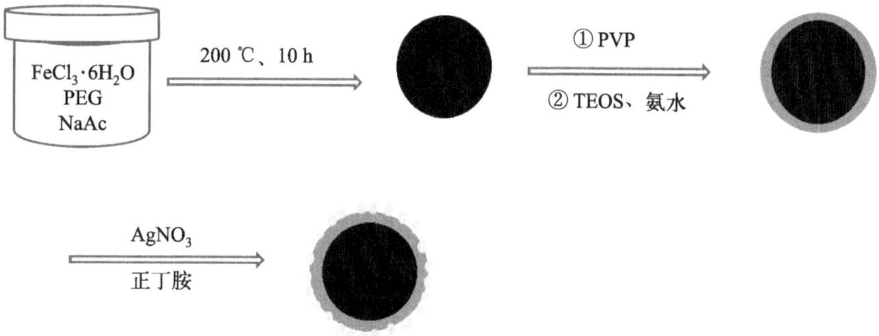

图 1-1 Fe_3O_4@SiO_2@Ag 磁性纳米复合材料的制备路线

次，60 ℃下烘干即可。

将样品超声分散在 3 mL 去离子水与 30 mL 乙醇的混合溶液中，滴加 1 mL 氨水和 0.15 mL 正硅酸四乙酯，搅拌 3 h，利用磁铁分离，以乙醇和水清洗多次，60 ℃下烘干。

3. Fe_3O_4@SiO_2@Ag 磁性纳米复合材料的制备

Fe_3O_4@SiO_2@Ag 磁性纳米复合材料是通过正丁胺原位还原硝酸银获得的。配制 15 mL 40 mmol/L 的 $AgNO_3$ 溶液，称量 5 mg 球状 Fe_3O_4@SiO_2 分散到 $AgNO_3$ 溶液中，超声 20 min，转入 50 mL 离心管。再加入 20 μL 正丁胺，在 50 ℃水浴中顺时针匀速摇动 50 min，磁分离产物并用乙醇清洗多次。

4. 产品表征

以扫描电镜（SEM）、X 射线光电子能谱仪、透射电镜（TEM）、元素 mapping、XRD 对 Fe_3O_4@SiO_2@Ag 磁性纳米复合材料进行结构表征。

5. 样品处理用于 SERS 检测

以 PATP、福美双作为探针分子，用来检测 Fe_3O_4@SiO_2@Ag 基底的 SERS 性能。测试仪器是共焦拉曼光谱仪，激光波长为 785 nm，曝光时间是 10 s。将少量 Fe_3O_4@SiO_2@Ag 颗粒分别分散在 2 mL 10^{-5} mol/L 的 PATP 和福美双乙醇溶液中，充分吸附 3 h。吸取 Fe_3O_4@SiO_2@Ag 颗粒置于干净的玻璃片上，用磁铁聚集纳米颗粒，干燥后进行 SERS 性能检测。

五、注意事项

1. $AgNO_3$ 溶液的浓度会影响 Ag 纳米颗粒的包覆效果，进而影响 SERS 性能。
2. 磁聚集会使 SERS 基底信号增强。

六、思考题

1. 试分析 Fe_3O_4@SiO_2@Ag 纳米粒子的 XRD 衍射峰。
2. 试分析 PATP、福美双拉曼探针分子的 SERS 谱图特征峰。

参考文献

[1] Masango S S，Hackler R A，Large N，et al. High-resolution distance dependence study of surface-enhanced Raman

scattering enabled by atomic layer deposition [J]. Nano Letter, 2016, 16 (7): 4251-4259.

[2] Yonzon C R, Haynes C L, Zhang X, et al. A glucose biosensor based on surface-enhanced Raman scattering: improved partition layer, temporal stability, reversibility, and resistance to serum protein interference [J]. Analytical Chemistry, 2004, 76 (01): 78-85.

[3] Kennedy B J, Spaeth S, Dickey M, et al. Determination of the distance dependence and experimental effects for modified SERS substrates based on self-assembled monolayers formed using alkanethiols [J]. The Journal of Physical Chemistry B, 1999, 103 (18): 3640-3646.

[4] Abalde-Cela S, Hermida-Ramón J M, Contreras-Carballada P, et al. SERS chiral recognition and quantification of enantiomers through cyclodextrin supramolecular complexation [J]. ChemPhysChem, 2011, 12 (08): 1529-1535.

[5] 何钦业. 磁性氧化铁/贵金属复合材料的制备及在 SERS 基底中的应用 [D]. 北京: 中国科学技术大学, 2017.

[6] 郭红燕. 多功能磁性/贵金属复合 SERS 基底的制备及应用研究 [D]. 北京: 中国科学技术大学, 2018.

[7] 陈萍. 贵金属/磁性氧化物复合材料的制备及在 SERS 基底中的应用 [D]. 北京: 中国科学技术大学, 2018.

实验三　系列蒽类双光子荧光材料的合成及性质研究

一、实验目的

1. 了解双光子吸收的基本原理。
2. 掌握有机合成的基本操作。
3. 熟悉核磁、有机质谱、红外、紫外、荧光、双光子荧光的测试。

二、实验原理

随着信息时代的发展，光电材料因其对信息的响应速度快及强大的信息处理功能，引起了人们的广泛关注。非线性光学材料是光电材料中飞速发展的一个分支。非线性光学属于强光光学范畴，以强光作为入射光，研究输出光强度与原入射光的非线性关系。非线性光学材料的极化强度不仅是场强 E 的函数，还取决于 E 的幂级数，因此该材料可产生各种特殊的物理现象，表现出独特的非线性光学性质。双光子吸收属于三阶非线性光学效应的一种，其在光学及电学方面与众不同的表现，使得双光子技术在信息存储、生物医学检测、频率上转换激射等领域具有广泛的理论和实际应用前景。

所谓双光子吸收是指样品处于强激光作用下，光源激发的波长约是样品线性吸收波长的2倍，样品先吸收一个光子达虚中间态，再吸收第二个光子达到激发态。根据所施加的激光光场的频率，吸收的这两个光子的能量可以相等（$\omega_1=\omega_2$），也可以不等（$\omega_1 \neq \omega_2$），图1-2说明了双光子吸收机理。相比于单光子吸收，双光子吸收的优点如下：①介质对较长波长的光吸收和色散作用较小；②长波穿透能力强；③双光子吸收具有高度的空间选择性。由于跃迁概率与入射光强度的平方成正比，所以激光束紧聚焦时，在 λ^3 体积范围内样品方可被激发，这使得发色团的激发具有高度的空间选择性。受激分子从上能级回落到基态时有两种可能：一种是回落时伴随着接近原吸收光子频率两倍的上转换荧光；另一种则以无辐射形式回落。荧光发射峰的位置与样品激发吸收的光子数目无关，因为单光子荧光和双光子荧光的发射频率是一致的，故它们的荧光峰的位置也应该是相同的。由于激发双光子吸收的光束采用紧聚焦技术，因此，在双光子吸收材料中，荧光猝灭和光损伤仅限于激光聚焦范围内。双光子吸收材料的这些特征使其在三维光信息存储、光动力学治癌、双光子荧光显微术及激光光限幅等领域显示出广泛的应用前景。

早从理论上预言双光子吸收的是Göppert-Mayer。由于双光子吸收是建立在强光作用前提下的，故在激光器出现之前，人们一直未能发现材料的双光子吸收现象。直到1960年激光器的出现为强光下研究材料的非线性过程提供了必要的手段。W. Kaiser与C. G. B. Garrett用694.3 nm的激光照射掺稀土离子的 CaF_2：Eu^{2+} 晶体时，发现有蓝色上转换荧光现象，双光子荧光首次被人们观察到，充分证实了Göppert-Mayer的双光子吸收理论。此后，人们致力于研究双光子吸收，在多种材料中均观察到双光子吸收现象，比如有机染料、半导体晶体、掺杂有机染料的固体介质。但是，由于所研究材料的双光子吸收截面比

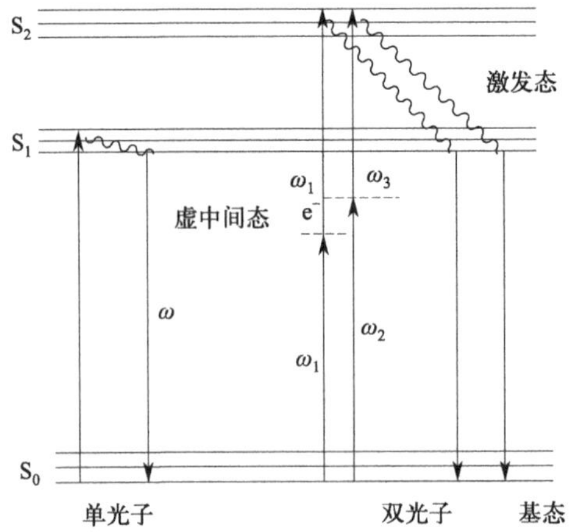

图 1-2 单光子荧光和双光子荧光的吸收及发射机理

较小，很难向实际应用发展，只是停留在实验室研究阶段，人们迫切需要寻找具有大双光子吸收截面的优良双光子荧光材料。

20 世纪 80 年代以来，伴随着分子工程和有机合成的发展，双光子荧光材料迅猛发展。1995 年报道了电荷转移的有机化合物具有强双光子荧光和上转换激射效率，该研究探索了材料结构与双光子荧光的关系，促进了有机双光子吸收材料的制备及应用。随后，一些具有大双光子吸收截面的新有机材料相继问世。比如 Prasad 研究小组发现某些具有“D-π-A”结构的有机分子的双光子吸收截面（δ）数值比先前已知分子的 δ 值高出近两个数量级。与单光子荧光相比，双光子荧光波长较长，材料光损伤较小，使用寿命延长。Marder 小组也首次提出分子内“对称电荷转移”的概念，以区别“D-π-A”分子的“不对称电荷转移”，并合成了一系列 D-π-D 对称性结构的化合物。为进一步研究双光子吸收材料的结构与荧光性能的关系，人们对双光子荧光材料从 D-π-A、D-π-D、A-π-A 等型的一维链状分子逐渐发展到多维树枝状分子，此类分子大多数是带有同一结构基元的树枝状或者三维网状结构的分子。

大量实验和理论研究表明以下几点有助于设计出具有较大双光子吸收截面的分子：①增加有机分子共轭链的长度；②增强电子给体的给电子能力及受体的吸电子能力；③增加共轭结构的可极化程度。

鉴于以上研究背景，本实验首先以蒽为原料制备 9-蒽醛，再以 9-蒽醛为荧光团，分别与乙二胺、对苯二胺、联苯胺进行缩合反应，形成大 π 电子共轭体系，设计合成了 3 种新型的双光子荧光材料。用核磁、红外、质谱进行结构表征，并测试单光子荧光、双光子荧光，探索伴随分子共轭体系增大，其荧光性能的变化，分析结构与性质的关系。

三、仪器与药品

1. 仪器

傅里叶变换红外光谱仪，核磁共振波谱仪，紫外-可见分光光度计，荧光光谱仪，双光子荧光谱和激射测试系统。

2. 药品

蒽，三氯氧磷（$POCl_3$），乙二胺，对苯二胺，联苯胺，甲醇，无水乙醇，丙酮，四氯化碳，二甲基甲酰胺（DMF），氢氧化钠，醋酸。

四、实验内容

合成路线如图 1-3 所示。

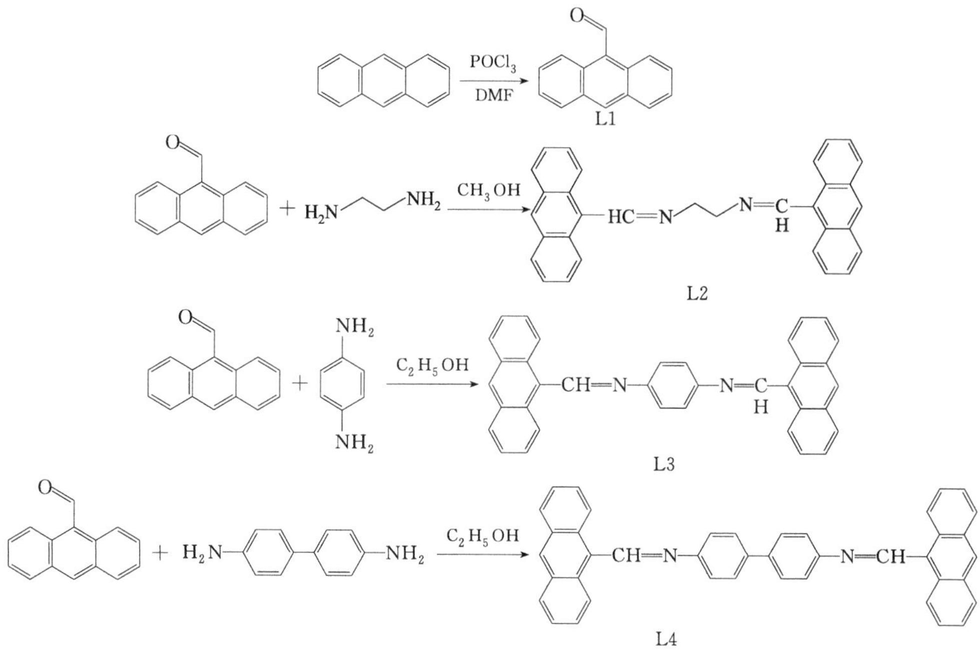

图 1-3　目标分子的合成路线

1. 9-蒽醛的合成（L1）

三氯氧磷（$POCl_3$）是一种无色透明发烟液体，将 0.16 mol（16.5 mL）$POCl_3$、0.0842 mol（15g）蒽分别加入三口烧瓶。三口烧瓶中间一口安装机械搅拌，另外两口分别安装滴液漏斗和回流冷凝管，冷凝管上端接装有 $CaCl_2$ 的干燥管。以油浴加热，持续机械搅拌，温度升高至 90～95 ℃，搅拌 1 h。在滴液漏斗中加入 DMF，三者的物质的量比满足 n（蒽）∶n(三氯氧磷)∶n(DMF)＝1∶2∶1.4。DMF 逐滴滴入反应液，速度控制为 150 min 滴完。机械搅拌反应 15 h，停止加热，溶液降温至 50～60 ℃。

取 200 mL 已准备好的 50～60 ℃的水，分批倒入上述反应液，使其发生水解反应，生成的 HCl 气体被水溶液吸收。使溶液保持在 50 ℃左右，以 NaOH 调节溶液 pH ＝ 4，有晶体状沉淀缓慢析出。将沉淀过滤，用 70 ℃的水搅拌洗涤后，以醋酸为重结晶溶剂，将沉淀重结晶生成黄色针状晶体，产率约达 85%。产品在 60 ℃下真空干燥备用。

2. 乙二胺与 9-蒽醛缩合反应（L2）

乙二胺为黏稠状液体，瓶口有白烟。称量 0.01 mol 乙二胺溶于 30 mL 无水甲醇，加入 0.02 mol 上述制备的黄色针状晶体 9-蒽醛（L1），溶液呈淡黄色。加热至 100 ℃，回流并搅拌，溶液中有淡黄色浑浊物生成。反应 6 h，停止加热，冷却至室温，抽滤得淡黄色块状产品，真空干燥至恒重，产率为 80%以上。

3. 对苯二胺与 9-蒽醛缩合反应（L3）

对苯二胺为红褐色粉末。称取 0.01 mol 对苯二胺溶于 15 mL 无水乙醇，溶液呈红褐色。再称取 0.02 mol 9-蒽醛溶于 15 mL 无水乙醇，溶液呈黄绿色。将二者混合，溶液呈橙黄色。90 ℃下加热回流并搅拌，出现橙黄色浑浊物，反应 4h，停止加热，冷却至室温，抽滤得到黄色块状产品，真空干燥至恒重，产率为 80%以上。

4. 联苯胺与 9-蒽醛缩合反应（L4）

联苯胺为灰色粉末，L4 合成方法同 L3。

5. 产品表征

以核磁共振谱、有机质谱、红外光谱对产物 L1 至 L4 进行结构表征并分析。

6. 紫外溶剂效应测试

将产品 L2、L3、L4 分别溶于极性依次增强的四种溶剂，即 CCl_4、丙酮、乙醇、DMF 中，测试三种产品的紫外吸收，并分析溶剂极性对紫外吸收的影响，如峰强、峰的位移，找出每种溶剂对应的最大吸收峰。

7. 单光子荧光测试

将产品 L2、L3、L4 分别溶于上述四种溶剂中，测试产品的单光子荧光，并分析溶剂极性对单光子荧光的影响。

8. 双光子荧光测试

将产品 L2、L3、L4 分别溶于上述四种溶剂中，测试产品的双光子荧光，并分析溶剂极性对双光子荧光的影响。对比各产物之间双光子荧光的强弱，讨论分子共轭链延长与双光子荧光强弱的关系，探讨结构对分子双光子荧光的影响，寻找提高分子双光子荧光的有效方法。

五、注意事项

1. 三氯氧磷暴露于潮湿空气中会水解生成磷酸和氯化氢，产生白烟。遇水或醇会发生分解并放出大量热和氯化氢气体，对眼睛有刺激作用。

2. 蒽对呼吸道及皮肤有刺激作用。

六、思考题

1. 试分析产物分子的核磁谱图、红外谱图，对分子结构进行表征。

2. 试分析分子共轭链延长对双光子荧光性能的影响，讨论结构与性质的关系。

参考文献

[1] Bhawalkar J D, He G S, Prasad P N, et al. Nonlinear multiphoton process in organic and polymeric materials [J]. Reports on Progress in Physics, 1996, 59 (09): 1041-1070.

[2] 延云兴. 新型强双光子聚合引发剂的设计、合成及周期性微结构的制作 [D]. 济南：山东大学，2003.

[3] 施鹏飞. 强双光子吸收材料的设计、合成及性质研究 [D]. 合肥：安徽大学，2003.

实验四 Au_{25} 纳米团簇的制备及其价态转变

一、实验目的

1. 了解金属纳米团簇。
2. 掌握 Au_{25} 纳米团簇的制备方法。
3. 了解金属纳米团簇的电子结构与其性能之间的关系。
4. 掌握紫外可见光谱仪的使用方法。

二、实验原理

金属纳米团簇是一类新兴的纳米材料，可以看作是一类特殊的纳米颗粒。金属纳米团簇具有超小的尺寸（通常小于 2 nm），可展现出强烈的量子尺寸效应，使其具备与纳米颗粒及宏观金属材料迥异的理化性质，例如发光、催化、磁性、手性等。

金属纳米团簇经典的合成方法是 Brust 两相合成法，即利用相转移剂将溶解在水相中的 Au(Ⅲ)盐转移至有机相溶剂中，然后加入硫醇配体，形成 $(Au\text{-}SR)_n$ 配合物，最后加入还原剂形成金属纳米团簇。这种方法尽管较为简单，但是不能保证产物尺寸的均一性。在此基础上，安徽大学朱满洲教授等利用“动力学控制、热力学选择”策略，成功实现了较高产率、组分较为单一的 $[Au_{25}(PET)_{18}]^-$ 纳米团簇（PET 为苯乙硫醇，简要流程见图 1-4）。除此之外，人们还发展了单相法、配体交换法、金属交换法等其他方法获取组分较为单一的金属纳米团簇。

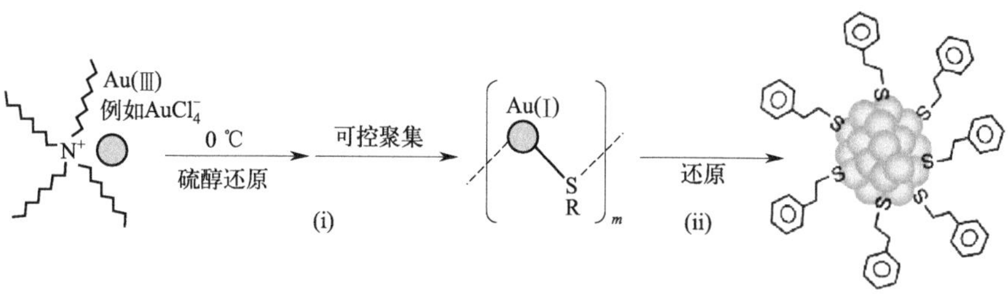

图 1-4 $[Au_{25}(PET)_{18}]^-$ 纳米团簇制备的简要流程

得到组分单一的金属纳米团簇粗产物有利于更好地对其进行分离提纯。常见的分离提纯方法包括溶剂提取法、沉淀法、柱色谱法、薄层色谱法、高效液相色谱法等。之后便可以通过结晶的方式，利用 X 射线单晶衍射技术对所得晶体的精确结构进行探测。如图 1-5 所示，$[Au_{25}(PET)_{18}]^-$ 纳米团簇包含一个二十面体的 Au_{13} 内核，外部由六组 $Au_2(SR)_3$ 结构单元保护。

$[Au_{25}(PET)_{18}]^-$ 纳米团簇可以看作一类超原子，其所含自由电子数为 8，即 n＝金属数(25)－配体数(18)－电荷数(－1)＝$8e^-$，此时所有自由电子均成对出现在超原子轨道上。当 $[Au_{25}(PET)_{18}]^-$ 纳米团簇被氧化时，则会丢失一个电子，形成具有 7 个自由电子的

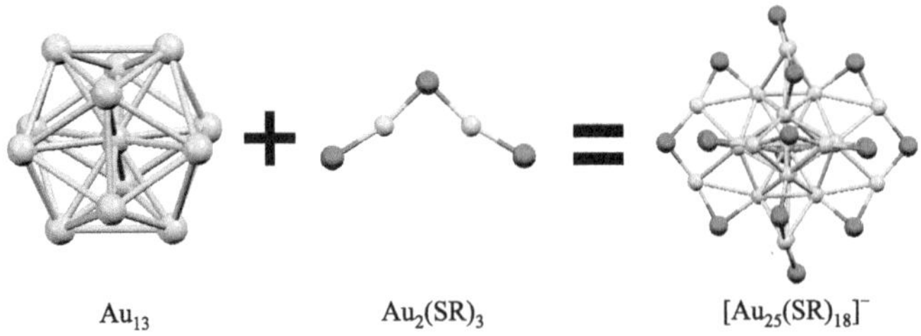

图 1-5　$[Au_{25}(PET)_{18}]^-$ 纳米团簇的结构剖析

$[Au_{25}(PET)_{18}]^0$ 纳米团簇（图 1-6）。两种 Au_{25} 纳米团簇结构类似，但具有不同的电子结构，因此导致了紫外-可见光吸收光谱以及电子顺磁共振波谱的变化。

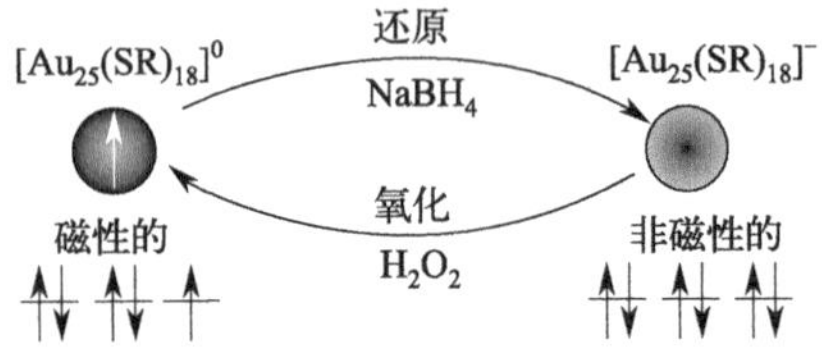

图 1-6　Au_{25} 纳米团簇的氧化还原过程及自由电子排布

三、仪器与药品

1. 仪器

恒温磁力搅拌器，紫外-可见分光光度计，高速离心机，旋转蒸发仪，恒温鼓风干燥箱，电子分析天平，数控超声波清洗器，100 mL 梨形烧瓶，移液器，离心管，胶头滴管。

2. 药品

四水合四氯金酸，四辛基溴化铵，苯乙硫醇，硼氢化钠，四氢呋喃，甲醇，乙腈，二氯甲烷，过氧化氢，超纯水。

四、实验步骤

实验前须知：①由于苯乙硫醇具有强烈的臭味，本实验必须全程在通风橱内进行；②硼氢化钠具有吸湿性且易变质，需随用随取；③实验过程注意佩戴防护用具。

1. $[Au_{25}(PET)_{18}]^-$ 纳米团簇的制备

本实验使用的是单相合成法。在 100 mL 梨形烧瓶中加入磁力搅拌子后，称取 0.254 g 四辛基溴化铵加入烧瓶中，再加入 800 μL 四水合四氯金酸水溶液（0.2 g/mL）和 15 mL 四氢呋喃搅拌 15 min。然后使用移液器将 280 μL 苯乙硫醇加入烧瓶内继续反应 60 min。之后称取 0.156 g 硼氢化钠溶于 5 mL 超纯水中，待硼氢化钠全部溶解后立即全部倒入烧瓶内，之后持续反应 12 h。

2. $[Au_{25}(PET)_{18}]^-$ 纳米团簇的处理

停止反应，并取少量样品测试反应溶液的紫外-可见吸收光谱。将磁力搅拌子取出，使用旋转蒸发仪去除反应烧瓶内的有机溶剂，使用甲醇对产物反复洗涤三次，以洗去多余的配体及副产物，再次取样进行紫外-可见吸收光谱测试。最后使用乙腈提取 $[Au_{25}(PET)_{18}]^-$ 纳米团簇并保存，以备后续试验。此时最后进行一次紫外-可见吸收光谱测试，对比三次光谱的变化，并分析产物纯度。纯净的 $[Au_{25}(PET)_{18}]^-$ 纳米团簇吸收光谱如图 1-7 所示。

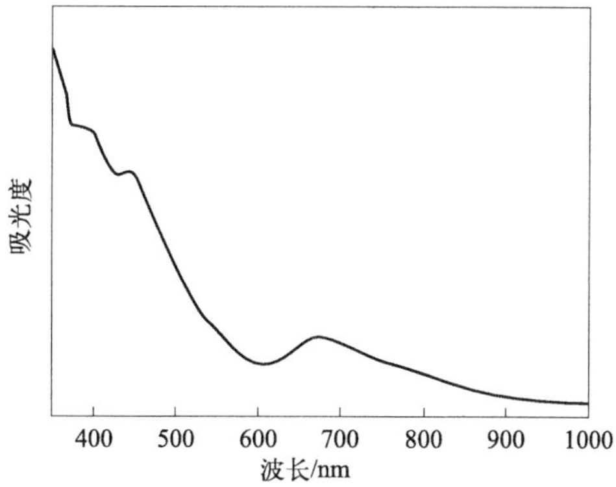

图 1-7 $[Au_{25}(PET)_{18}]^-$ 纳米团簇的紫外-可见吸收光谱

3. $[Au_{25}(PET)_{18}]^-$ 纳米团簇的氧化过程

取少量 $[Au_{25}(PET)_{18}]^-$ 纳米团簇溶解于 5 mL 二氯甲烷或乙腈溶液中，记录反应开始时的紫外-可见吸收光谱。随后向反应体系中少量多次加入过氧化氢溶液（每次约 10 μL），并记录每次体系的紫外-可见吸收光谱。当光谱变为图 1-8 状态并保持不变时，该过程结束。此时 $[Au_{25}(PET)_{18}]^-$ 纳米团簇已被氧化为 $[Au_{25}(PET)_{18}]^0$ 纳米团簇。

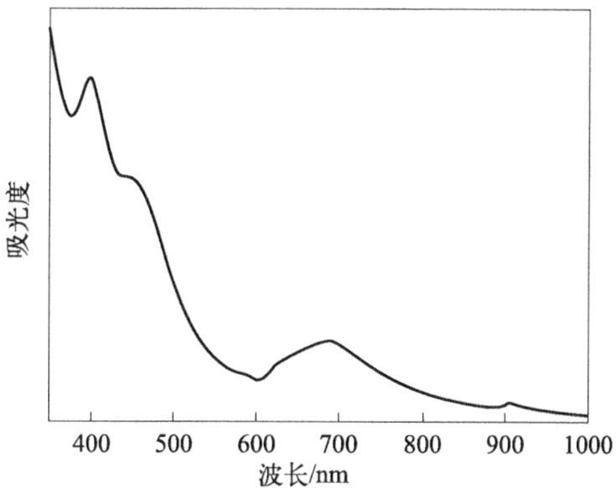

图 1-8 $[Au_{25}(PET)_{18}]^0$ 纳米团簇的紫外-可见吸收光谱

4. $[Au_{25}(PET)_{18}]^0$ 纳米团簇的还原过程

取 5 mg 硼氢化钠溶解于 3 mL 超纯水中，少量多次加入反应步骤 3 后的体系中，并记录每次体系的紫外-可见吸收光谱。当反应体系的紫外-可见吸收光谱变为图 1-7 并保持不变时，反应结束。

五、数据记录与处理

1. 认真记录实验操作过程中出现的现象。

2. 在处理过程中记录每一步的紫外-可见吸收光谱，并将最终产物与图 1-7 进行对比，分析产物纯度。

3. 认真记录氧化还原过程中 Au_{25} 纳米团簇溶液的颜色变化，并将过程中的紫外-可见吸收光谱绘制成一张图谱。

4. 对比分析始末状态下 Au_{25} 纳米团簇的紫外-可见吸收光谱。

六、思考题

1. 查阅相关资料，金属纳米团簇一般具有什么样的结构？
2. 在本实验中四辛基溴化铵起到了什么作用？
3. 思考 $[Au_{25}(PET)_{18}]^-$ 与 $[Au_{25}(PET)_{18}]^0$ 纳米团簇溶液性状差异的来源。

参考文献

[1] Zhu M, Lanni E, Garg N, et al. Kinetically controlled, high-yield synthesis of Au_{25} clusters [J]. Journal of the American Chemical Society, 2008, 130 (4): 1138-1139.

[2] Zhu M, Aikens C M, Hollander F J, et al. Correlating the crystal structure of a thiol-protected Au_{25} cluster and optical properties [J]. Journal of the American Chemical Society, 2008, 130 (18): 5883-5885.

[3] Zhu M, Aikens C M, Hendrich M P, et al. Reversible switching of magnetism in thiolate-protected Au_{25} superatoms [J]. Journal of the American Chemical Society, 2009, 131 (7): 2490-2492.

实验五 铁镍双金属纳米颗粒 PVP-nZVI/Ni 的制备及对 Cr(Ⅵ)的去除性能研究

一、实验目的

1. 了解环境中重金属污染的危害与防治方法。
2. 掌握液相还原法制备双金属纳米颗粒 PVP-nZVI/Ni 的原理。
3. 了解 PVP-nZVI/Ni 去除水中重金属离子 Cr(Ⅵ)的机制。
4. 掌握利用紫外分光光度计测定 Cr(Ⅵ)浓度的方法。

二、实验背景与原理

随着工业的快速发展，现代社会人们的生活水平在日益提高，但同时也带来了一系列的环境问题，其中重金属污染是引起环境恶化的最重要因素之一。重金属引起的污染与其他污染物不同，环境中许多污染物可以通过动植物、微生物等生物机体自主降解，而重金属污染来源广泛、影响深远，治理起来难度较大。重金属在环境中具有富集性，可以通过生物链传播，最后在人体内累积，对人体健康造成严重危害。其中铬离子是最为常见和有危害的重金属污染物之一，在自然环境中通常以正三价和正六价两种稳定的价态存在。Cr(Ⅵ)的毒性和流动性比 Cr(Ⅲ)更强，能够诱发肾炎、肺癌等疾病，因此，如何高效且无污染地去除重金属污染［如 Cr(Ⅵ)］具有十分重要的意义。目前，针对废水中 Cr(Ⅵ)的处理，已有一些有效的方法，如膜分离、离子交换、电解、化学沉淀和吸附等。其中吸附法由于操作简单、成本低、无二次污染和效率高等优点被广泛地应用于 Cr(Ⅵ)的处理。

纳米零价铁（nZVI）是一种环境修复的友好材料。由于其较大的比表面积和较小的粒径，nZVI 具有较高的还原活性，可以通过化学还原过程有效地去除重金属等污染物。例如，nZVI 可以将高毒性的 Cr(Ⅵ)还原为低毒性且容易沉淀的 Cr(Ⅲ)。然而，没有修饰的 nZVI 由于自身的磁性和活性，在环境中容易团聚和氧化，导致其反应活性降低。这大大限制了 nZVI 在实际中的大规模应用。为了弥补这一缺陷，许多稳定剂和支撑材料被用于修饰 nZVI，以减少其团聚，提高稳定性。高溶解性的聚乙烯吡咯烷酮（PVP-K30）是一种导电聚合物，具有高介电强度、低散射损耗和良好的电荷存储容量等优点。当 PVP-K30 作为非离子表面活性剂修饰 nZVI 时，可以增强纳米颗粒之间的空间位阻和静电斥力，从而增加颗粒的胶体稳定性。因此，本实验采用 PVP-K30 作为稳定剂修饰 nZVI。

目前，有研究人员将其他金属痕量引入铁纳米颗粒表面以形成双金属纳米颗粒，这可以增强高溶性聚合物作为表面活性剂稳定化 nZVI 的反应活性，例如羧甲基纤维素稳定化的铁钯双金属纳米颗粒（CMC-Fe/Pd）和铁银双金属纳米颗粒（CMC-Fe/Ag）。然而，这些金属成本较高，不适合推广应用。在诸多双金属体系中，镍(Ni)相对于其他金属成本较低，可以作为聚合物稳定的 nZVI 双金属纳米体系中潜在的引入金属。在铁镍双金属纳米体系中，Ni^0 作为电子转移的介质，有助于控制 Fe^0 的电子转移和钝化。此外，催化金属 Ni^0 可以吸附反应过程中产生的氢气，有利于纳米颗粒表面上还原性氢或氢化物的形成，从而促进重金属污染物 Cr(Ⅵ)的去除。

本实验以液相还原法制备铁镍双金属纳米颗粒（PVP-nZVI/Ni），并以 Cr(Ⅵ)作为重金属污染物的代表，研究复合材料 PVP-nZVI/Ni 对水中 Cr(Ⅵ)的去除作用。Cr(Ⅵ)的去除反应可以分为吸附、还原和共沉淀三个过程。首先，Cr(Ⅵ)与高比表面积的吸附剂 PVP-nZVI/Ni 充分接触，吸附在其表面上。其次，利用吸附剂 PVP-nZVI/Ni 的强还原活性将 Cr(Ⅵ)转化为 Cr(Ⅲ)，反应过程中会产生 Fe(Ⅲ)。最后，通过 Cr(Ⅲ)与 Fe(Ⅲ)的共沉淀作用达到去除 Cr(Ⅵ)的目的。去除过程中涉及的方程式如下：

$$Fe^0 + CrO_4^{2-} + 8H^+ \longrightarrow Fe^{3+} + Cr^{3+} + 4H_2O \tag{1-1}$$

$$(1-x)Fe^{3+} + xCr^{3+} + 3H_2O \longrightarrow Fe_{1-x}Cr_x(OH)_3\downarrow + 3H^+ \tag{1-2}$$

三、仪器与药品

1. 仪器

250 mL 三口烧瓶，恒压漏斗，机械搅拌装置，数显恒温水浴锅，氮气保护装置，磁铁，真空干燥箱，薄膜，玻璃棒，培养皿，50 mL 比色管若干，1000 mL 和 500 mL 容量瓶各一个，小烧杯若干，50 mL 和 10 mL 离心管若干，pH 计，恒温水浴振荡箱，100～1000 μL 和 1～5 mL 的移液枪各一支，紫外分光光度计，电感耦合等离子体发射光谱仪。

2. 药品

重铬酸钾（$K_2Cr_2O_7$），七水硫酸亚铁（$FeSO_4 \cdot 7H_2O$），六水硫酸镍（$NiSO_4 \cdot 6H_2O$），聚乙烯吡咯烷酮（PVP-K30），硼氢化钠（$NaBH_4$），浓硫酸（H_2SO_4），浓磷酸（H_3PO_4），稀盐酸（HCl），氢氧化钠（NaOH），二苯氨基脲（$C_{13}H_{14}N_4O$），丙酮（C_3H_6O），乙醇，去离子水。

四、实验步骤

1. 样品的制备

利用液相还原法制备样品 PVP-nZVI/Ni，其制备过程如图 1-9 所示。具体的步骤如下：准确称取 6 mmol $FeSO_4 \cdot 7H_2O$、0.286 mmol $NiSO_4 \cdot 6H_2O$ 和 0.168 g PVP-K30，溶解在装有 100 mL 乙醇水溶液的烧杯中 [V(乙醇)：V(去离子水)=3：7]，随后转移至三口烧瓶中。其次，按照 $n(BH_4^-)$：$n(Fe^{2+})$=2：1 配制 50 mL 略过量的 $NaBH_4$ 溶液至恒压漏斗中。控温 30 ℃，同时将反应液在氮气气氛下机械搅拌 30 min。然后，在氮气保护和机械搅拌条件下，将 $NaBH_4$ 溶液缓慢逐滴滴入三口烧瓶中，滴加结束后，继续反应 1.5 h。最后，将制备的产物用无水乙醇和无氧去离子水分别洗涤三次，放入 60 ℃的真空干燥箱中干燥 8 h，获得 PVP-nZVI/Ni 复合材料以备下一步实验使用。反应原理如下：

$$Fe^{2+} + 2BH_4^- + 6H_2O \longrightarrow Fe^0 + 2B(OH)_3 + 7H_2 \tag{1-3}$$

$$Ni^{2+} + 2BH_4^- + 6H_2O \longrightarrow Ni^0 + 2B(OH)_3 + 7H_2 \tag{1-4}$$

2. 样品的表征

通过扫描电子显微镜（SEM）和透射电子显微镜（TEM）观察制得样品的形貌，包括样品的尺寸大小和分散性。通过 X 射线衍射仪（XRD）检测样品的物相结构。通过 X 射线光电子能谱仪（XPS）对去除 Cr(Ⅵ)前后样品（PVP-nZVI/Ni）中的元素进行化学态分析，

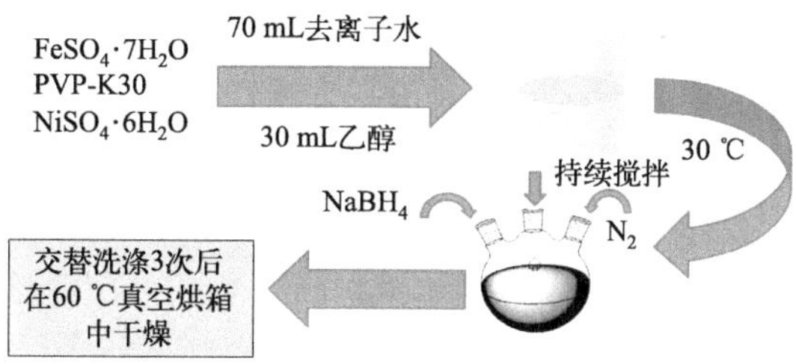

图 1-9 PVP-nZVI/Ni 的制备过程

进一步探索 PVP-nZVI/Ni 去除 Cr(Ⅵ)的机制。

3. Cr(Ⅵ)的去除实验

① 100 mg/L 的 Cr(Ⅵ)标准储备液的配制：称取 110 ℃干燥了 2 h 的 $K_2Cr_2O_7$ 0.2829 g，用去离子水溶解后移入 1000 mL 容量瓶中，用水稀释至标线，摇匀。

② 5 mg/L 的 Cr(Ⅵ)标准溶液的配制：取 25 mL Cr(Ⅵ)标准储备液于 500 mL 容量瓶中，用去离子水稀释至标线，摇匀。

③ 准确称取 0.03g PVP-nZVI/Ni 溶解于 30 mL 去离子水中，配制成 1 g/L 的 PVP-nZVI/Ni 吸附剂。取 8 个 50 mL 离心管并标号 2～9，往各个离心管中加入 7 mL 去离子水和 2 mL Cr(Ⅵ)标准储备液，随后加入 1 mL 吸附剂溶液。将各试管中溶液 pH 值依次调节为 2～9，最后放入 25 ℃、振速为 120 r/min 的恒温振荡箱中振荡 8 h。

④ 配制 200 mL、c_0=30 mg/L 的 Cr(Ⅵ)溶液于三口烧瓶中，控温 25 ℃。机械搅拌下将 20 mg PVP-nZVI/Ni 加入溶液中，同时计时。用移液枪分别在 1 min、3 min、5 min、8 min、10 min、15 min、20 min、30 min、40 min、60 min、80 min、120 min、180 min 时取 4 mL 上清液于 10 mL 离心管中待测。

⑤ Cr(Ⅵ)浓度的测定：

a. 显色剂的配制：准确称取 0.2 g 二苯氨基脲，加入 50 mL 丙酮和 50 mL 去离子水，摇匀待用。

b. 标液的配制：分别取 0 mL、0.2 mL、0.5 mL、1 mL、2 mL、4 mL、6 mL、8 mL、10 mL 的 Cr(Ⅵ)标准溶液于 50 mL 比色管中，加去离子水至刻度线。随后加入 0.5 mL 的 H_2SO_4 溶液（浓 H_2SO_4 ∶ H_2O=1∶1）和 0.5 mL 的 H_3PO_4 溶液（浓 H_3PO_4 ∶ H_2O=1∶1)。最后加入 2 mL 显色剂溶液，摇匀。

c. 待测液的配制：从离心管中各吸取 1 mL 待测液于 50 mL 比色管中，加去离子水至刻度线。随后加入 0.5 mL 的 H_2SO_4 溶液（浓 H_2SO_4 ∶ H_2O=1∶1）和 0.5 mL 的 H_3PO_4 溶液（浓 H_3PO_4 ∶ H_2O=1∶1)。最后加入 2 mL 显色剂溶液，摇匀。

d. 吸光度的测定：利用紫外分光光度计在 540 nm 处先测标液的吸光度，绘制以 Cr(Ⅵ)的量对吸光度的曲线（标准曲线），随后测定待测液的吸光度。

⑥ 总 Cr 浓度的测定：利用电感耦合等离子体发射光谱仪（ICP-OES）对总铬浓度进行测定。注：若是测得的总铬浓度较高，可以将其稀释后再测，这样可以保证测得的结果较为准确。

⑦ 计算方法：

a. Cr(Ⅵ)浓度（mg/L）按下式计算：

$$c=\frac{m}{V} \tag{1-5}$$

式中，m 是由标准曲线查得的 Cr(Ⅵ)的质量，μg；V 表示待测样的体积，mL。

b. Cr(Ⅵ)去除量 q_e 与去除率 R 的表示方式如下：

$$q_e=\frac{(c_0-c_e)V}{m} \tag{1-6}$$

$$R=\frac{c_0-c_e}{c_0}\times 100\% \tag{1-7}$$

式中，c_0 和 c_e 分别表示 Cr(Ⅵ)的初始浓度和反应后浓度，mg/L；m 为吸附材料的质量，m；V 为实验中溶液的体积，L。

五、数据记录与处理

1. 观察实验现象，并认真记录各个实验过程中的准确数据。

2. 由标准曲线查得各 pH 下 Cr(Ⅵ)的浓度，结合 ICP-OES 测得的总 Cr 浓度计算出溶液中 Cr(Ⅲ)浓度，绘制出总 Cr 浓度、Cr(Ⅵ)浓度和 Cr(Ⅲ)浓度随 pH 的变化图。

3. 根据标准曲线查得各时间下 Cr(Ⅵ)的质量，并计算 Cr(Ⅵ)的去除量与去除率，绘制去除量与去除率随时间变化的曲线图。

六、思考题

1. 为了保证成功制得 PVP-nZVI/Ni 复合材料，制备过程中应注意哪些问题？

2. 由总 Cr 浓度、Cr(Ⅵ)浓度和 Cr(Ⅲ)浓度随 pH 的变化曲线说明什么？结合文献探讨 Cr(Ⅵ)的去除机制。

3. 查阅相关资料与文献，了解 Cr(Ⅵ)的去除过程在吸附动力学上的变化，绘制本实验过程的准一级动力学模型图和准二级动力学模型图，并比较二者的拟合程度，由拟合结果说明了什么？

参考文献

[1] 柴立元，王云燕，邓荣．水环境中铬的存在形态及迁移转化规律 [J]. 工业安全与环保，2006，32 (8)：1-3.

[2] 柳听义．包埋型纳米铁（NZVI）的制备及其去除废水中铬（Cr(Ⅵ)）的研究 [D]. 天津：天津大学，2011.

[3] Norouzi S，Heidari M，Alipour V，et al. Preparation，characterization and Cr(Ⅵ)adsorption evaluation of NaOH-activated carbon produced from date press cake：An agro-industrial waste [J]. Bioresource Technology，2018，258：48-56.

[4] Hu Y B，Zhang M Y，Qiu R L，et al. Encapsulating nanoscale zero-valent iron with a soluble $Mg(OH)_2$ shell for improved mobility and controlled reactivity release [J]. Journal of Material Chemistry，2018 (6)：2517-2526.

实验六 LH-Fe/Cu 双金属纳米复合材料的制备及其对水中双酚 A（BPA）的降解研究

一、实验目的

1. 了解环境中有机物污染的危害与防治方法。
2. 掌握液相还原法制备 LH-Fe/Cu 双金属纳米颗粒的原理。
3. 了解 LH-Fe/Cu 降解水中 BPA 的机制。
4. 掌握利用高效液相色谱仪测定 BPA 浓度的方法。

二、实验背景与原理

持久性污染物和内分泌干扰物等新兴污染物的广泛使用，对环境和人体安全造成了巨大的威胁，尤其是内分泌干扰物可通过食物链和环境循环对人体产生非常严重的不利影响。双酚 A（BPA）作为一种典型的内分泌干扰物，会导致人体内分泌紊乱，引起肥胖、心血管疾病和多种生殖疾病。同时，BPA 还可用于制造涂料、阻燃剂、聚碳酸酯塑料和其他精细化工产品，在塑料瓶和食品饮料储藏罐的内涂层中经常检测到。虽然目前对于 BPA 的使用制定了严格的规定，但依然在地下水和地表水中检测出了大量的 BPA，因此，寻找一种有效去除污水中 BPA 的方法是至关重要的。

由于传统的废水处理工艺对污水中 BPA 的降解效率太低，基于过硫酸盐活化的 AOPs 引起了研究者的关注，特别是反应过程中产生的 SO_4^{-}，由于其比较高的氧化还原电位、高氧化选择性和强氧化能力而被广泛研究。催化剂中的纳米颗粒如 nZVI，因其磁性强、比表面积大而得到广泛应用。但是铁纳米颗粒容易聚集，降低了它们的高反应活性。为了让其更好地应用于实际环境中，许多研究者对其进行了双金属改性，即加入另一种金属（如 Cu 和 Ni），形成双金属复合材料，可以明显提高 nZVI 的催化性能，但依然还会存在金属的团聚现象，所以在此基础上可以使用载体材料对其进行进一步改性。

选择合适的载体解决上述问题是本研究的目的。水凝胶是一种环境稳定的交联聚合物，有着三维（3D）网状结构和亲水基团，具有强的吸附性、大的表面积和高的孔隙率，因此可以吸收大量的水而不溶解。由于木质素是一种天然的聚合产物，在水环境中不易降解，因此它应该是一种比较理想的载体材料。在本研究中，我们使用木质素作为水凝胶的原料合成木质素水凝胶（LH），将其负载至 Fe/Cu 双金属材料上，合成一种新型 Fe/Cu 木质素水凝胶复合材料（LH-Fe/Cu），用于活化过硫酸盐（PS）以降解水中的 BPA。

三、仪器与药品

1. 仪器

250 mL 三口烧瓶，恒压漏斗，机械搅拌装置，冷冻干燥器，数显恒温水浴锅，氮气保护装置，磁铁，真空干燥箱，薄膜，玻璃棒，培养皿，50 mL 比色管若干，1000 mL 和

500 mL 容量瓶各一个，小烧杯若干，50 mL 和 10 mL 离心管若干，pH 计，恒温水浴振荡箱，100～1000 μL 和 1～5 mL 的移液枪各一支，高效液相色谱仪，气相色谱-质谱联用仪。

2. 药品

七水硫酸亚铁（$FeSO_4 \cdot 7H_2O$），五水合硫酸铜（$CuSO_4 \cdot 5H_2O$），木质素磺酸钠（LS-Na），硼氢化钠（$NaBH_4$），马来酸酐（MAN），丙烯酰胺（AM），N,N'-亚甲基双丙烯酰胺（NMBA），过硫酸钾（$K_2S_2O_8$，KPS），四甲基乙二胺（TEMED），聚乙二醇（PEG-200），无水乙醇（C_2H_5OH），去离子水（H_2O）。

四、实验步骤

1. 样品的制备

（1）LH 的制备

首先将 15 g AM、6.65 g MAN、0.10 g NMBA 和 1.60 g LS-Na 混合至 100 mL 去离子水中，并在室温下搅拌 2 h 至完全溶解。然后调节混合物 pH 值至 6.0 左右，再加入少量过硫酸钾（KPS）和四甲基乙二胺（TEMED）混合搅拌 5 min，将其静置 1 h 后进行冷冻干燥，即可得到木质素水凝胶。

（2）LH-Fe/Cu 的制备

采用液相还原法制备 LH-Fe/Cu 复合材料。将 1.3900 g $FeSO_4 \cdot 7H_2O$、0.1219 g $CuSO_4 \cdot 5H_2O$、0.2172 g LH 和 1.0000 g PEG-200 加入甲醇和水的混合溶液中，将其在氮气环境下搅拌 30 min，并将 50 mL 的 $NaBH_4$ 溶液逐滴滴入混合溶液中，搅拌反应 1 h（反应全程在氮气环境下进行），用水和乙醇分别洗涤 3 次后，在真空条件下干燥，得到 LH-Fe/Cu 复合材料。

2. 样品的表征

采用 SEM、EDS 和 TEM 对 LH-Fe/Cu 纳米颗粒的表面形貌和元素含量进行研究。采用 FTIR 和 XRD 对 LH-Fe/Cu 的表面官能团和氧化态进行表征。采用 XPS 分析反应前后元素的变化。采用气相色谱-质谱联用仪（GC-MS）分析降解过程中的中间产物。

采用 HPLC 测定反应过程中 BPA 的浓度，配备色谱柱为 C-18（250 mm×4.6 mm×5 μm），以及二极管阵列检测器（DAD）。测定条件如下：探测器波长为 277 nm，柱温为 25 ℃，流速为 1.0 mL/min，流动相为 70%的甲醇溶液和 30%的纯净水，注入量为 20 μL。

3. BPA 的降解实验

① 100 mg/L 的 BPA 标准储备液的配制：称取 BPA 固体 0.2280 g，用去离子水溶解后，移入 10 mL 容量瓶中，用水稀释至标线，摇匀。

② 20 mg/L 的 BPA 标准溶液的配制：取 0.02 mL BPA 标准储备液于 100 mL 容量瓶中，用去离子水稀释至标线，摇匀。

③ 取 6 个 150 mL 三颈烧瓶，并标号 1～6，往各个三颈烧瓶中加入 100 mL 20 mg/L 的 BPA 标准溶液，将 1～5 号三颈烧瓶中的 pH 值分别调为 3.6、4.6、6.6、7.6、8.6，6 号三颈烧瓶不调节 pH 值。随后向三颈烧瓶内先后加入 0.006 g LH-Fe/Cu 纳米颗粒和 0.019 g KPS。最后放入 25 ℃、振速为 180 r/min 的恒温振荡箱中振荡 20 min。

④ 配制 100 mL、c_0=20 mg/L 的 BPA 标准溶液于三颈烧瓶中，控温 25 ℃。机械搅拌下分别将 6 mg LH-Fe/Cu 和 19 mg KPS 加入溶液中，同时计时。用移液枪分别在 1 min、

2 min、3 min、4 min、6 min、8 min、12 min、16 min、20 min 时取 6 mL 上清液，经过 0.45 μm 的滤头过滤后存储在 10 mL 离心管内待测。

⑤ BPA 的降解率计算公式如下：

$$W=\frac{A_0-A_e}{A_0}\times 100\% \tag{1-8}$$

式中，A_0 和 A_e 分别表示 BPA 的初始吸光度和反应后吸光度。

五、数据记录与处理

1. 观察实验现象，并认真记录各个实验过程中的准确数据。

2. 根据高效液相色谱仪测得的吸光度值计算 BPA 的降解率，并绘制降解率随时间变化的曲线图。

六、思考题

1. 为了保证成功制得 LH-Fe/Cu 复合材料，制备过程中应注意哪些问题？

2. 由 BPA 的降解率随 pH 变化的曲线图说明什么？结合文献探讨 BPA 的降解原理。

3. 查阅相关资料与文献，了解过硫酸盐在反应中起到的主要作用，并分析其作用的自由基过程和非自由基过程。

参考文献

[1] Zhao Y Y，Wu W L，Huang J，et al. Efficient activation of persulfate by a novel lignin hydrogel supported Fe/Cu nanoparticles for bisphenol A degradation [J] . Solid State Science，2025，164：107942-107952.

[2] Fan X D，Xuan H，Wu W L，et al. Graphene oxide supported S-nZVI to activate persulfate for effective degradation of p-nitrophenol：Performance，mechanism and toxicity evolution [J] . Journal of Water Process Engineering，2025，72：107504-107515.

[3] Zhao Y Y，Xuan H，Ding D H，et al. Degradation of 2,4-dichlorophenol by carboxymethylcellulose stabilized Fe/Ni activating persulfate system：The DFT calculation and mechanistic insights [J] . Journal of Environmental Chemical Engineering，2023 (11)：111204-111214.

[4] 马祯，宋小三，张轩 . 紫外/过硫酸盐高级氧化技术在饮用水处理中的研究进展 [J] . 应用化工，2022，51 (5)：1466-1471.

[5] 张莉 . 海泡石负载纳米零价铁复合材料的制备及活化过硫酸盐降解水中双酚 A 的研究 [D] . 湘潭：湘潭大学，2021.

实验七 荧光/磁性复合纳米粒子的制备及其酶模拟物光降解性能的研究

一、实验目的

1. 采用高温沉积法制备 Fe_3O_4 磁性纳米粒子，了解磁性纳米粒子的结构。
2. 采用常温共沉淀法制备 Mn 掺杂 ZnS 量子点，了解其光物理化学性能。
3. 两种纳米粒子通过静电作用或 EDC/NHS 耦联，了解其结构及性能。
4. 了解在 UV 光照射下复合纳米粒子的过氧化氢酶活性。

二、实验原理

1. 纳米材料的特性

纳米粒子的特殊结构使得复合纳米粒子具有独特的光学特性、光电催化特性、光热转换效应、电学特性与谱学特性。复合纳米材料在光、电、磁、力与生物学等方面表现出了许多优异的性能。

2. 纳米粒子制备与耦合原理

拟分别利用成熟的高温沉积法与共沉淀法制备 Fe_3O_4 磁性纳米粒子和 Mn 掺杂 ZnS 量子点，然后通过静电作用或 EDC/NHS 耦联制备荧光/磁性复合纳米粒子。

3. 荧光/磁性复合纳米粒子的酶模拟物性能的研究原理

哈勃-韦斯反应：

$$O_2 + Mn{:}ZnS \xrightarrow{h\nu} \cdot O_2^- \tag{1-9}$$

$$Fe^{3+} + \cdot O_2^- \longrightarrow Fe^{2+} + O_2 \tag{1-10}$$

$$2\cdot O_2^- + 2H^+ \longrightarrow H_2O_2 + O_2 \tag{1-11}$$

$$Fe^{2+} + H_2O_2 \longrightarrow Fe^{3+} + OH^- + \cdot OH \tag{1-12}$$

三、仪器与药品

1. 仪器

高压反应釜，水浴锅，旋转蒸发仪，单颈烧瓶，高纯氮，365 nm 紫外灯，抽滤装置，烘箱，烧杯若干，强磁铁，紫外-可见分光光度计，荧光分光光度计，pH 计，透射电镜，X 射线粉末衍射仪等。

2. 药品

己二胺，无水乙酸钠（CH_3COONa），六水合氯化铁（$FeCl_3\cdot 6H_2O$），乙二醇，乙醇，七水合硫酸锌（$ZnSO_4\cdot 7H_2O$），四水合氯化锰（$MnCl_2\cdot 4H_2O$），四水合硫化钠（$Na_2S\cdot 4H_2O$），海藻酸钠，高纯水。

四、实验步骤

1. Fe_3O_4 磁性纳米粒子制备

磁力搅拌下，将 8.0 mL 己二胺、2.0 g 无水乙酸钠与 1.1 g $FeCl_3 \cdot 6H_2O$ 加入 30 mL 乙二醇中，50 ℃下 30 min 后得到均匀黄色溶液。将该溶液转移到聚四氟乙烯衬里的高压反应釜中于 198 ℃下加热 8 h。沉积在釜底的黑色产物交替用高纯水与冷乙醇清洗 3 轮，去除未键合的己二胺与乙二醇。60 ℃下真空干燥得到备用黑色粉末。

2. Mn 掺杂 ZnS 量子点制备

两步法制备 Mn 掺杂 ZnS 量子点。首先，将 1.8 g $ZnSO_4 \cdot 7H_2O$、0.1 g $MnCl_2 \cdot 4H_2O$、20 mL 高纯水加入三颈瓶中，混合物在干氮气保护下室温搅拌 10 min 后，将 5 mL 含 1.5 g $Na_2S \cdot 4H_2O$ 的溶液逐滴加入混合液中，新的混合液继续搅拌 30 min。然后，将 0.072 g 海藻酸钠加入上述溶液中并继续搅拌 24 h，即得到海藻酸钠包裹的 Mn 掺杂 ZnS 量子点，离心并用高纯水与乙醇清洗 3 次，在真空中干燥得到产品。

3. Fe_3O_4 磁性纳米粒子与 Mn 掺杂 ZnS 量子点耦联

将 200 mg 的 Fe_3O_4 磁性纳米粒子分散在 30 mL 高纯水中，超声 30 min 后，加入约 30 mg 海藻酸钠包裹的 Mn 掺杂 ZnS 量子点。在机械搅拌下室温反应 2 h。在磁铁辅助下进行磁分离与洗涤得到荧光/磁性纳米复合物。

4. 荧光/磁性纳米复合物表征

(1) 纳米复合物的发射光谱

将 F-4600 荧光分光光度计的测量模式分别设定在磷光与波长扫描模式，将激发与发射狭缝分别设定为 10 nm 与 20 nm，光电倍增管电压设定为 950 V，波长扫描范围设定为 400～650 nm，扫描速度设为 1200 nm/min，延迟时间设为 0.1 s。将装有纳米复合物悬浮液的比色皿放置在样品架上，以 312 nm 为激发波长，得到纳米复合物的发射光谱。

(2) 纳米复合物的磁性测量

在装有超声分散后的纳米复合物的 20 mL 玻璃瓶边上放置一个 Nd-Fe-B 磁铁，纳米复合物迅速聚集到磁铁端的瓶边，可定性测定纳米复合物的磁性。

(3) 荧光/磁性纳米粒子及复合物的 XRD 测量

将适量的三个样品粉末分别装入硅片的凹槽中，设定 X 射线粉末衍射仪的工作参数，进行扫描。对三个结果进行比较。

(4) 荧光/磁性复合纳米粒子的酶模拟物性能测定

将 24 mg 复合纳米粒子超声均匀分散在 50 mL 的高纯水中，在机械搅拌及紫外灯照射下，加入 1 mL 1 mmol/L 的邻苯二胺水溶液，每 4 min 取样 1.0 mL，测定其紫外吸收光谱并观察混合液的颜色变化。

对照实验：(假定质量比为 5∶1 的磁性与荧光纳米粒子完全耦合) 将 20 mg 磁性纳米粒子与 4 mg 荧光纳米粒子分散在同体积的水中，重复上述实验。

五、数据记录与处理

1. 记录纳米粒子/复合纳米粒子的表征结果。

2. 评估纳米粒子的荧光寿命，记录最佳激发波长、最大荧光与磷光发射波长位置。
3. 记录不同样品的紫外吸收光谱及混合物颜色变化的结果。

六、思考题

1. 是否还有其他稳定剂可使两种纳米粒子耦合在一起？
2. 查阅文献，还有哪些纳米材料能够生成·OH？请举例说明。
3. 在模拟酶的催化实验中，两种纳米粒子各自的功能是什么？

参考文献

[1] 刘春艳．纳米光催化及光催化环境净化材料［M］．北京：化学工业出版社，2008.
[2] Bignozzi C A. Photocatalysis [M] . Berlin：Springer，2011.

实验八 过氧化氢介导的 Fe_3O_4 磁性纳米粒子的酶模拟物活性检测

一、实验目的

1. 采用共沉淀法与溶剂热法制备 Fe_3O_4 磁性纳米粒子，了解磁性纳米粒子的结构。

2. 了解 H_2O_2 存在下 Fe_3O_4 磁性纳米粒子的过氧化物酶（POD）活性。

3. 创新基于邻苯二胺（OPD）的比率与比色方法检测 Fe_3O_4 磁性纳米粒子的过氧化物酶活性。

4. 比较不同尺寸的 Fe_3O_4 磁性纳米粒子的过氧化物酶活性的差异。

二、实验原理

常规的 Fe_3O_4 磁性纳米粒子（MNPs）合成方法主要包括溶剂热法与共沉淀法。前者通常在反应釜中进行，且保持高温 10 小时以上。得到的 Fe_3O_4 MNPs 晶型好、稳定性好、颗粒大；但是分布范围较广、产率较低。共沉淀法在常温或低温（小于 80 ℃）下进行，反应时间短、粒子小、粒径分布比较均匀、产率高；但是结晶度差，相对不稳定，放置时间稍长容易聚集并形成大颗粒，导致酶活性降低。一般地，高温有利于 Fe_3O_4 MNPs 晶体的生长，容易获得超磁性能，使用稳定剂可以有效防止粒子间聚集与生长。

本实验选择了 3-膦酸基丙酸作 Fe_3O_4 MNPs 的稳定剂。合成时，于 $FeCl_3$、$FeSO_4$ 与 3-膦酸基丙酸的混合溶液中快速注入 NaOH，形成黑色 Fe_3O_4 MNPs 小晶种，然后升高温度到 80 ℃并保持 30 min，以便小晶粒溶解，大晶粒长大。待温度降到室温后，进行磁分离并用二次水清洗 3～4 次，由此得到高品质的 Fe_3O_4 MNPs（图 1-10）。相似地，以乙二醇为溶剂通过溶剂热法制得了 Fe_3O_4 MNPs。又采用以 OPD 为指示剂的比色/荧光方法测定了 POD 的活性。同时，以 3,3,5,5-四甲基联苯胺（TMB）比色法为对照，验证基于 OPD 的比色/荧光方法的可行性。

三、仪器与药品

1. 仪器

紫外-可见分光光度计，荧光分光光度计，pH 计，X 射线粉末衍射仪，傅里叶变换红外（FTIR）光谱仪，透射电子显微镜（TEM）。

2. 药品

3,3,5,5-四甲基联苯胺（TMB，99%），邻苯二胺（OPD，99%），3-膦酸基丙酸（PPA，94%），$FeCl_3\cdot 6H_2O$，$FeSO_4\cdot 4H_2O$，二次蒸馏水。

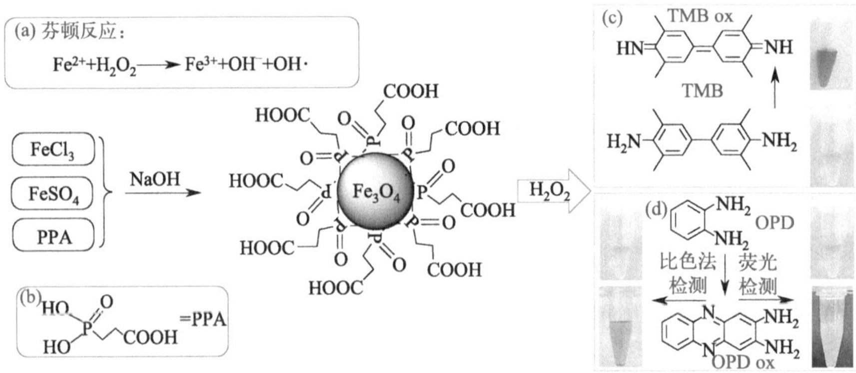

图 1-10 Fe_3O_4 MNPs 制备与 POD 活性检测示意图

(a) 芬顿反应方程式；(b) 3-膦酸基丙酸稳定剂的结构式；

(c) TMB 在 Fe_3O_4 MNPs 催化下的变色机理；(d) OPD 在 Fe_3O_4 MNPs 催化下的荧光机理

四、实验步骤

1. Fe_3O_4 MNPs 的制备

水溶液中的化学共沉淀法是最简单、有效的化学合成 Fe_3O_4 MNPs 的途径。将 0.54 g $FeCl_3 \cdot 6H_2O$、0.2 g 3-膦酸基丙酸与 12 mL 二次蒸馏水加入 50 mL 的烧瓶中，磁搅拌下继续加入 0.3 g $FeSO_4 \cdot 4H_2O$，完全溶解后，迅速注入大约 6 mL 含 0.32 g NaOH 的溶液，搅拌 5 min 后将磁子取出。将混合溶液以 5 ℃/min 的速度加热到 80 ℃，保持 30 min。最后，将溶液冷却到室温，磁分离后洗涤，得到超磁性的 Fe_3O_4 MNPs。其反应式如下：

$$Fe^{2+} + 2Fe^{3+} + 8OH^{-} \longrightarrow Fe_3O_4 + 4H_2O \tag{1-13}$$

2. Fe_3O_4 MNPs 的表征

① Fe_3O_4 MNPs 的磁性测量：在装有超声分散的纳米复合物的 20 mL 玻璃瓶旁放置一个 Nd-Fe-B 磁铁，纳米复合物迅速聚集到磁铁端的瓶边，可定性测定纳米复合物的磁性。

② Fe_3O_4 MNPs 的 XRD 测量：将适量的三个样品粉末分别装入硅片的凹槽中，设定 X 射线粉末衍射仪的工作参数，进行扫描。对三个结果进行比较。

③ Fe_3O_4 MNPs 的 TEM 测量：将 Fe_3O_4 MNPs 溶液滴在覆盖碳网的铜片上，自然风干，然后将样品置于透射电镜样品架上测试，了解 Fe_3O_4 MNPs 的尺寸与形貌。

④ Fe_3O_4 MNPs 的 FTIR 测量：将 Fe_3O_4 MNPs 粉末与固态溴化钾混合研磨 10 min，待样品混合均匀后置于压片槽中压片，然后将样品置于样品架上测试，了解 Fe_3O_4 MNPs 的官能团。

3. Fe_3O_4 MNPs 的过氧化物酶活性检测与影响因素

(1) 光谱测量

光谱测量时，荧光模式下，激发与发射狭缝均设置为 5 nm，光电倍增管电压为 400 V。在 380 nm 激发下，被检测的波长为 560 nm，得到氧化 OPD 的荧光光谱；同样地，分别收集加入 H_2O_2 与 Fe_3O_4 MNPs 前后的 OPD/TMB 在 300～800 nm 波长范围内的曲线，得到 OPD/TMB 氧化物的吸收光谱。

(2) Fe_3O_4 MNPs 的 POD 活性检测条件

实验时，以 0.5 mL 乙酸钠缓冲溶液（0.2 mol/L）的反应体积中含 20 mg 的 Fe_3O_4 MNPs 与 0.8 mol/L 的 OPD 作基质，H_2O_2 的浓度为 0.5 mol/L，pH 值为 4.2，温度为 40 ℃。除非特别提及，相对活性的最高点设置为 100%。

(3) pH 值、浓度、温度对 Fe_3O_4 MNPs 的过氧化物酶活性的影响

用基于 OPD 的荧光法测量了平均粒径为 20 nm 的 Fe_3O_4 MNPs 分别在 2～12 pH 范围内、温度 25～60 ℃、H_2O_2 浓度 0.001～2.5 mol/L 条件下的 POD 活性。

五、数据记录与处理

1. 记录 Fe_3O_4 MNPs 的表征结果。
2. 记录基于 OPD 的比率与比色法检测 Fe_3O_4 MNPs 的过氧化物酶活性的实验现象。
3. 总结 pH 值、浓度、温度对 Fe_3O_4 MNPs 的过氧化物酶活性的影响。

六、思考题

1. 比较 TMB 与 OPD 作为酶活性指示剂的优劣？
2. 查阅文献，还有哪些纳米材料可作过氧化物酶？请举例说明。
3. 为什么 Fe_3O_4 MNPs 的粒径越小，活性越高？

参考文献

[1] Wang A，Sudarsanam P，Xu Y，et al. Functionalized magnetic nanosized materials for efficient biodiesel synthesis via acid-base/enzyme catalysis [J]. Green Chemistry，2020，22：2977-3012.

[2] Jin S，Wu C，Ye Z，et al. Designed inorganic nanomaterials for intrinsic peroxidase mimics：A review [J]. Sensors and Actuators B：Chemical，2019，283：18-34.

[3] Lin Y，Ren J，Qu X. Nano-gold as artificial enzymes：Hidden Talents [J]. Advanced Materials，2014，26 (25)：4200-4217.

[4] Jiao X，Song H，Zhao H，et al. Well-redispersed ceria nanoparticles：Promising peroxidase mimetics for H_2O_2 and glucose detection [J]. Analytical methods，2012，4 (10)：3261-3267.

第二章
能源化学

实验九 SnS_2/碳纳米管复合催化剂的制备及光电催化分解水

一、实验目的

1. 掌握复合光电催化剂材料的制备方法、工艺过程。
2. 掌握光电催化分解水的原理及重要意义。
3. 了解光电催化分解水的具体操作。

二、实验原理

能源短缺是当今全世界正经受的前所未有的巨大挑战，而我国的整体发展速度更快，对能源需求更是呈指数型增长。积极寻求储量丰富、绿色环保、成本低廉的可再生清洁能源，是有效解决能源短缺的重大举措，具有长远的战略意义。太阳能储量丰富，对环境不会造成污染，已经成为非常有前景的化石能源替代品，且能够满足日益增长的全球能源需求。太阳能利用主要有光-热转换、光-电转换、光-化学能转换等几种能量转换形式，特别是通过光-化学能转换的光电催化形式转化为氢能存储并利用是目前研究的主流方向，有利于缓解当前的能源危机。

如图 2-1 所示，光电催化分解水过程是在传统三电极体系下进行的，其装置由工作电极、参比电极、对电极、电解液和电解槽等五部分组成。工作电极根据半导体的类型可以分为光阴极（p 型半导体）和光阳极（n 型半导体）。就光阳极而言，在光照条件下，n 型半导体吸收高能量光子（光子能量大于或等于半导体禁带宽度），使其价带中的电子（e^-）被激发至导带产生光生电子-空穴对（e^-/h^+）。n 型半导体的费米能级与电解液氧化/还原电位的电势差，致使半导体表面的能带向上弯曲并形成空间电荷区，光生电子/空穴在空间电荷区中电场力的作用下发生分离。在外加电压作用下，半导体导带中的 e^- 迁移至对电极表面，直接与电解液中的 H^+ 发生还原反应，生成 H_2；而半导体价带中的 h^+ 在电场力的作用下迁移至光阳极，与电解液中的 OH^- 发生氧化反应，生成 O_2，实现半导体光电催化将电解液中的 H_2O 分解为 O_2 和 H_2。

在光电催化分解水系统中，要实现太阳能—化学能的高效转换，光电极材料必须能够实现高效光吸收、光生电子-空穴对快速分离和迁移、电极/电解液界面高效氧化/还原反应。

理想的光电极材料应该满足以下几个要求：①宽光谱吸收范围；②合适的禁带宽度；③高载流子迁移率，长载流子扩散长度；④较强的催化活性；⑤较好的稳定性、重复性；⑥低成本、无毒、无污染。

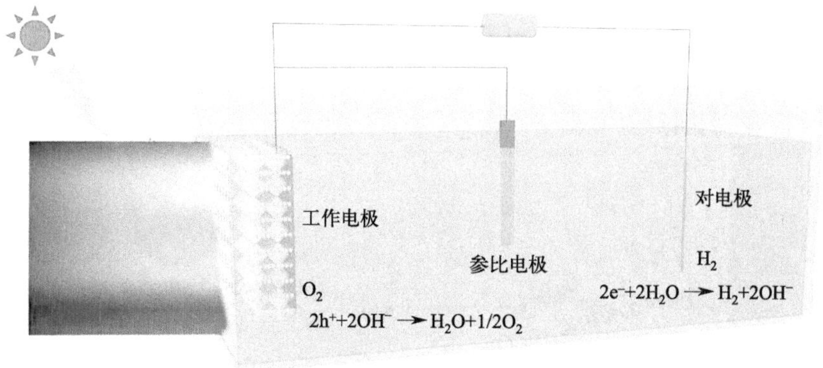

图 2-1 光电催化系统中水分解示意图

目前，在光电催化分解水领域中常用的半导体光电极材料主要包括金属硫化物和硒化物（Bi_2S_3、MoS_2、$SnSe_2$、Sb_2S_3、In_2Se_3 等）、金属氧化物（$BiVO_4$、WO_3、SnO_2 等）、金属氮化物和磷化物（CoP、Co_2P、Cu_3P 等）。在诸多半导体材料中，SnS_2 具有独特的层状结构、良好的光学和光电性能等。本实验采用酸化碳纳米管（ACNTs）对 SnS_2 进行修饰制备 ACNTs/SnS_2 复合光催化剂，提高 SnS_2 材料的光生电子-空穴对的分离能力及电子的转移效率，从而提高其光电催化分解水的性能。当光生电子产生时，碳纳米管可以在一定程度上传导电子，抑制光生电子的复合，提高光生电子和空穴对的分离效率和提供更多的催化活性位点，从而显著提高光电催化制氢性能。

三、仪器与药品

1. 仪器

电子分析天平，超声波清洗器，磁力搅拌器，台式高速离心机，鼓风干燥箱，氙灯，气相色谱仪，光电化学谱仪，电化学工作站，反应釜，FTO 玻璃，烧杯，石英反应器。

2. 药品

碳纳米管，硫代乙酰胺（TAA），硝酸，十六烷基三甲基溴化铵（CTAB），五水合四氯化锡，无水硫酸钠，无水乙醇。

四、实验内容

1. 制备 ACNTs/SnS_2 光催化复合材料

（1）酸化碳纳米管的制备

用移液管将稀释好的质量分数为 30% 的硝酸溶液缓慢转移至含有适量去离子水的烧杯中，再加入磁力搅拌子。取 100 mg CNTs 和 50 mg CTAB 加入烧杯中，超声分散，然后磁力搅拌 6 h，静置溶液使其沉淀，取下层混合溶液。逐渐用去离子水调节 pH 值，待样品溶液调至中性时用离心机进行洗涤，水洗、醇洗各三遍。置于烘箱中干燥 6 h 备用。

(2) ACNTs/SnS_2 复合物的制备

称取 50 mg ACNTs 加入含 60 mL 无水乙醇的烧杯中，磁力搅拌 2 h 使溶液充分混合均匀，然后再取 2 mmol 五水合四氯化锡和 8 mmol TAA 加入上述烧杯中超声分散，磁力搅拌 2 h。将混合溶液转入反应釜中，放入烘箱 170 ℃下反应 12 h，反应结束后待其冷却至室温，用离心机离心，再洗涤数次，最后放入烘箱中 70 ℃下干燥 24 h。样品的合成过程如图 2-2 所示。

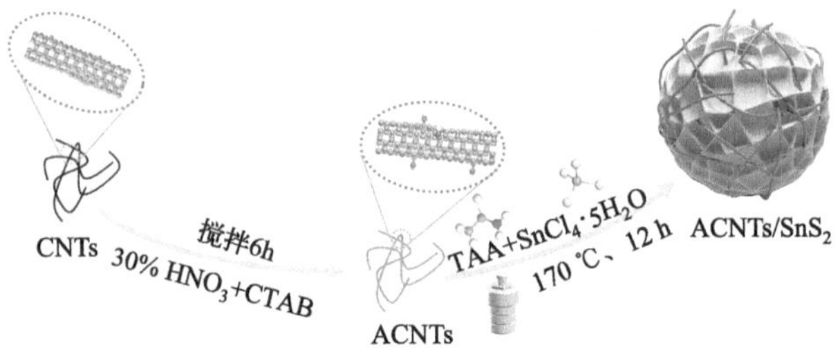

图 2-2　样品的合成过程

2. 光电水分解实验

光电催化分解水反应发生在一个密封的石英反应器中，该反应器配备了一个典型的三电极电解池，连接到一个气体循环单元和一个冷却系统。该电解池的电解质为 0.5 mol/L 的 Na_2SO_4 溶液，光源为 300 W 的氙灯。光电催化剂均匀覆盖的 FTO 玻璃为工作电极 (1 cm^2)，Pt 丝为辅助电极，饱和甘汞电极为参比电极。

在反应前将纯 Ar 通入反应器中，以保证整个反应在惰性气氛中进行。连接实验装置，用真空泵将实验装置内的气体抽离，形成负压实验条件。反应容器通过循环冷却系统保持在 4℃。光源垂直照射石英反应器。同时，电化学工作站提供 0.5 V 直流偏压。使用带有热导检测器 (TCD) 和 5 Å 分子筛柱的气相色谱仪 (Mc-SCX300P)，以氩气为载气，研究光电催化分解水过程产生的气体，并用已知浓度的标准 H_2-O_2-Ar 混合物校准 GC 信号。光电催化分解水速率通过测量每隔 30 min 产生的 H_2 和 O_2 的物质的量来确定 (共 3 h)。

五、注意事项

1. 光电催化材料的制备中，前驱物溶液须搅拌至澄清，否则易出现杂质或非目标产物。

2. 用作搅拌的烧杯和反应使用的反应釜内胆应尽可能洗得干净，并彻底烘干，否则会影响反应氛围，导致实验出现偏差。

3. 前驱物溶液转移至反应釜时应拧紧、拧深，否则易出现反应釜漏气，甚至产生安全隐患。

4. 光电催化分解水实验应使光电催化材料（粉末）均匀地旋涂到 FTO 导电玻璃上，光电催化反应池阀门应按要求顺序慢拧。

六、思考题

1. 光电催化分解水的基本催化原理是什么？
2. 制备复合光电催化剂的目的是什么？
3. 光电催化分解水实验为何要施加一定的偏压，这与光催化分解水有何不同？

参考文献

[1]　张金龙，陈锋，何斌．光催化导论［M］．上海：华东理工大学出版社，2004.

[2]　刘守新，刘鸿著．光催化及光电催化基础与应用［M］．北京：化学工业出版社，2005.

[3]　李方园，侯永江，国洁，等．非贵金属光电催化材料分解水制氢研究进展［J］．应用化工，2021，50（11）：3206-3209.

[4]　卢建桥．改性 TiO_2 纳米管列阵光电催化分解水研究进展［J］．辽宁化工，2021，50（9）：1337-1340，1418.

[5]　丁春梅，姚婷婷，李灿．光电催化分解水和还原 CO_2 研究进展［J］．科技导报，2020，38（23）：75-84.

[6]　朱凯健，刘杰，刘一霖，等．光电催化材料在太阳能分解水方面的应用研究进展［J］．中国材料进展，2019，38（2）：98-105.

[7]　朱珊，俞有幸，郝维昌．Co 和 P 掺杂对 α-Fe_2O_3 光电化学催化分解水的影响［J］．北京航空航天大学学报，2018，44（6）：1141-1146.

[8]　葛燚林．碳基材料修饰金属氧化物异质结的构筑及光电化学分解水性能研究［D］．镇江：江苏大学，2018.

[9]　童海丽．新型半导体修饰电极的制备及光电化学分解水性能研究［D］．沈阳：辽宁大学，2019.

[10]　王广．LDHs 修饰 α-Fe_2O_3 光阳极的光电催化分解水性能研究［D］．郑州：河南大学，2018.

[11]　张文文．H-In_2O_3 基纳米复合材料的制备及其光电化学分解水性能研究［D］．镇江：江苏大学，2017.

[12]　郑冲．多孔 α-Fe_2O_3 光电极的制备、表征及其性能研究［D］．福州：福州大学，2016.

实验十 超薄 $Bi_{12}O_{17}Br_2$ 纳米片的制备及光催化固氮性能研究

一、实验目的

1. 掌握制备纳米材料的常用方法。
2. 了解光催化氮气还原的基本原理、具体操作、注意事项和特点。
3. 掌握紫外-可见分光光度计的操作。

二、实验原理

NH_3 是人类社会和生活中一种非常重要的化学物质，是合成氮肥、医药和聚合物的关键原料。工业规模的哈伯-博施（Haber-Bosch）工艺合成氨需要苛刻的实验条件，同时还会消耗大量的高纯 H_2 并释放能引起温室效应的气体 CO_2。该工艺是在可见光下利用催化剂将 N_2 转化为 NH_3 的过程，具有清洁、低能耗的优势，因而受到越来越多的关注。光催化 N_2 转化为 NH_3 是以太阳光作为能量源，水分子作为氢源，利用半导体催化剂材料吸收光能转换成化学能，进而促进 N_2 还原反应生成 NH_3。在纯水中利用催化剂光催化氮气还原反应的原理如图 2-3 所示，当光能大于或等于光催化剂的带隙能量（E_g）时，价带（VB）吸收光能将带负电的电子（e^-）激发跃迁至导带（CB）上，同时价带上留下了带正电荷的空穴（h^+），形成高活性的光生电子-空穴对。随后，一部分空穴和电子会在半导体的体内或表面重新复合而失去活性，以光或热辐射的形式将多余的能量释放出去。而另一部分未复合的电子和空穴则会分别迁移至催化剂表面，与表面吸附的 N_2 和 H_2O 发生氧化还原反应。具有还原性能的电子在较高的导带位置上转移给 N_2 分子生成氨气，具有氧化能力的光生空穴则在较低的价带位置上氧化 H_2O 生成 O_2 和 H^+，氢离子进一步参加 N_2 加氢质子化生成 NH_3 过程。

$Bi_{12}O_{17}Br_2$ 是一种具有独特片状结构和化学稳定性的半导体光催化剂材料。一般来说，高的 Bi/Br 比值可以增强材料的光吸收和光稳定性，而且还可以降低导带位置，从而缩小带隙宽度，这样有利于促进电子-空穴对的分离和电子迁移。在 $Bi_{12}O_{17}Br_2$ 中 Bi/Br 比值较高，因而相比其他溴氧铋基材料（如 BiOBr），$Bi_{12}O_{17}Br_2$ 具有更宽的可见光响应范围及较强的吸光能力。另外，在 $Bi_{12}O_{17}Br_2$ 中含有高浓度的 O 原子，在合成过程中很容易在表面产生氧缺陷，氧缺陷的存在对增强光催化氮气还原成 NH_3 会有积极的影响。首先，氧缺陷空位可以有效地捕获和激活 N_2 分子，并削弱分子中的 $N\equiv N$。其次，氧缺陷空位的存在可以调整半导体的电子结构和表面原子排列，提高光生电子和空穴的分离/传输效率，使更多的电子能够参与氮气还原反应中。再者，具有超薄形貌的二维（2D）纳米片可以利用其大的比表面积来增加对光的吸收，进而产生较多的光生电子和空穴。对于块体材料，电子和空穴的迁移需要穿过材料的体相才能到达表面 N_2 还原反应的催化活性中心，因而催化效果较差。而 2D 纳米材料超薄的厚度缩短了载流子的扩散路程，有效抑制了电子-空穴对在体相迁移过程中的复合，提高了表面电荷分离效率。

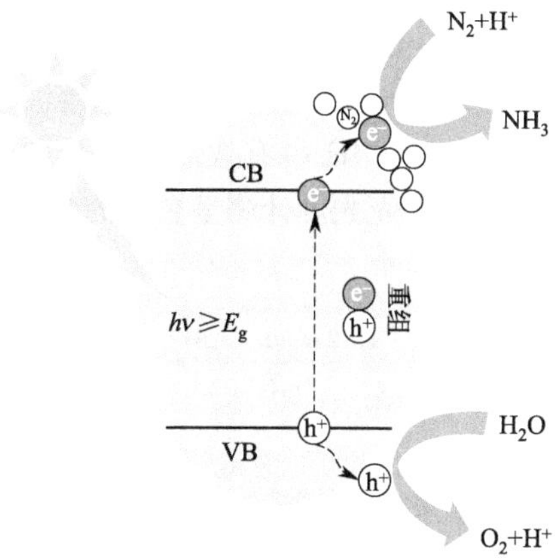

图 2-3 光催化 N_2 还原反应原理

因此，本实验采用溶剂热法合成具有氧缺陷空位的超薄 $Bi_{12}O_{17}Br_2$ 纳米片，用于可见光催化 N_2 还原为 NH_3。

三、仪器与药品

1. 仪器

反应釜，电热恒温鼓风干燥箱，电子分析天平，多头磁力搅拌器，氙灯光源，超声波清洗器，高速离心机，电化学工作站，紫外-可见分光光度计。

2. 药品

五水合硝酸铋，溴化钠，氢氧化钠，氯化铵，甲醇，亚硝基铁氰化钠，次氯酸钠，水杨酸，柠檬酸钠，无水乙醇，去离子水。

四、实验内容

1. 超薄 $Bi_{12}O_{17}Br_2$ 纳米片的制备

制备流程如图 2-4 所示。准确称取 1.5 mmol 五水合硝酸铋和 1.5 mmol 溴化钠分别溶于 30 mL 和 6 mL 甲醇中，超声数分钟使其充分溶解；再配制浓度为 2 mol/L 的氢氧化钠溶液。

将充分溶解的五水合硝酸铋溶液缓慢加入溴化钠溶液中，持续搅拌 1.5 h 后滴加配制好的 NaOH 溶液，调节 pH 值至 11.2，继续搅拌 30 min。最后将上述溶液加入聚四氟乙烯内胆的反应釜中（50 mL），放入电热鼓风干燥箱，设置温度为 160 ℃，时间为 18 h。当反应完成后将反应釜取出，冷却至室温，得到淡黄色沉淀，离心收集，分别用去离子水和无水乙醇洗涤三次，在 60 ℃的条件下烘干，得到 $Bi_{12}O_{17}Br_2$ 粉末。

2. 光催化氮气还原实验步骤

（1）绘制标准曲线

在用催化剂进行光催化固氮实验之前，需要绘制氨-氮标准曲线。采用靛酚蓝法标定溶液中 NH_4^+ 的浓度，配制 10 mmol/L 的 NH_4Cl 标准溶液，分别取出体积为 0 mL、0.5 mL、1.0 mL、1.5 mL、2.0 mL、3.0 mL、4.0 mL 和 5.0 mL 的 NH_4Cl 标准溶液，加入 8 个装有

5.0 mL、4.5 mL、4.0 mL、3.5 mL、3.0 mL、2.0 mL、1.0 mL 和 0 mL 超纯水的离心管中。然后，每个离心管中依次添加 1.0 mL 含有柠檬酸钠（质量分数为 5 %）和水杨酸（质量分数为 5 %）的 2 mol/L NaOH 溶液、0.1 mL 亚硝基铁氰化钠溶液（0.025 g 溶于 5 mL 水中）以及 0.1 mL NaClO 溶液（0.75 mol/L NaOH 中有效氯质量分数为 0.35 %）。振荡摇匀，静置 1.5 h 使之完全显色。使用紫外-可见分光光度计测量它们的吸光度，作出标准曲线。

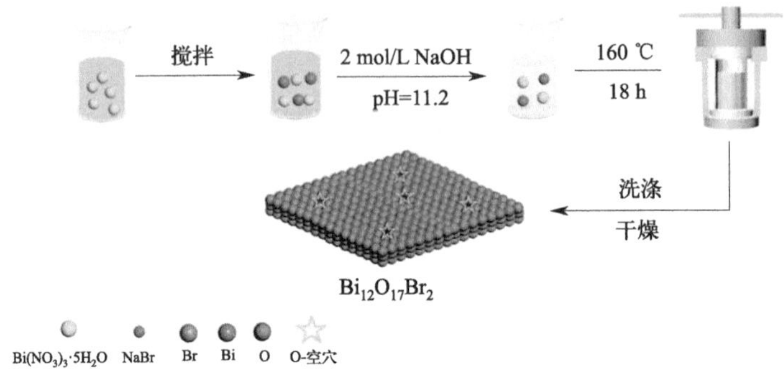

图 2-4 样品制备流程

（2）光催化固氮实验

光催化固氮实验装置如图 2-5(a) 和图 2-5(b) 所示。光催化固氮实验是在直径为 5.0 cm 的 150 mL 密闭反应器中，在环境压力下，用北京镁瑞臣科技有限公司的 MC-PF300C 氙灯光源系统模拟可见光进行的，具体操作如下：称取 50 mg $Bi_{12}O_{17}Br_2$ 粉末放入盛有 100 mL 去离子水的密闭反应器中，避光超声 15 min 使之分散均匀。然后，在黑暗条件下向反应器中以 60 mL/min 的流速持续不断地鼓入高纯 N_2，并不断搅拌，以除去溶液中溶解的空气。1 h 后封闭反应器，打开冷却水，以恒定的流速循环，确保反应在室温下进行。打开氙灯进行光催化固氮反应，持续光照 120 min，同时确保磁力搅拌和 N_2 鼓入。每隔半小时用注射器从反应器中吸取 3 mL 反应液，离心取上清液，用去离子水稀释至 7.0 mL，再加入靛酚蓝显色剂，静置 1.5 h 使其显色。使用紫外-可见分光光度计测定显色溶液的吸光度，利用标准曲线计算出氨的生成量。

五、注意事项

1. 将洗涤后的样品在 60 ℃的条件下烘干时，时间不能过长，一般 10～12 h 为宜，否则会影响样品的形貌而影响催化性能。

2. 配制的显色剂 pH 值应该保持在 7.0～8.0，不宜过高，否则样品显色后的颜色为黄绿色。

3. 当显色反应在 15～25 ℃下进行时，则需 1.5 h 左右；当温度为 25 ℃以上时，显色反应进行 2 h 即可完全反应。

4. 实验开始，在反应器中鼓泡和搅拌的速率不宜过快，否则会在反应器的上方溅射出小水珠，影响光的利用率。

六、思考题

1. 使用溶剂热法制备纳米材料的优点是什么？

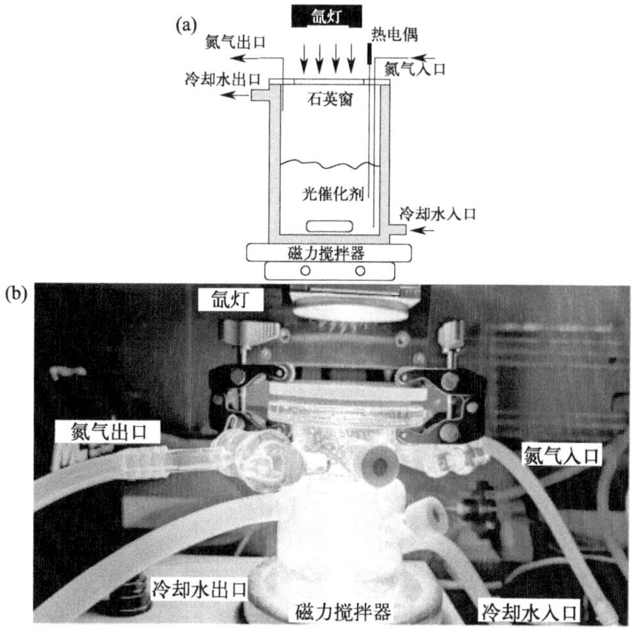

图 2-5 光催化固氮实验装置

（a）示意图；（b）实物图

2. 使用反应釜时应注意什么？
3. 光催化氮气还原的基本原理是什么？
4. 相比于纳氏试剂法，靛酚蓝比色法的优点是什么？
5. 在亚硝基铁氰化钠存在的催化体系中，待测液为什么会显色，其反应方程式是什么？
6. 紫外-可见分光光度计的基本操作步骤是什么？

参考文献

[1] 詹晓燕，刘臣辉，范海燕，等．水体中氨氮测定方法的比较——纳氏试剂光度法、靛酚蓝比色法［J］．环境科学与管理，2012，131（11）：132-134.

[2] 王佳敏，李涵，张文凯．两种比色法检测水体中微量氨含量的比较研究［J］．大学化学，2019，34（3）：36-41.

[3] 桑艳青．水质氨氮测定方法研究进展［J］．中国化工贸易，2019，11（17）：82.

[4] Xu H M，Y W，Huang D，et al. Glucose-induced formation of oxygen vacancy and Bi-metal co-modified Bi_5O_7Br nanotubes for efficient performance photocatalysis［J］. ACS Sustainable Chemistry and Engineering，2019，7：5784-5791.

[5] Li K L，Lee W W，Lu C S，et al. Synthesis of BiOBr，Bi_3O_4Br，and $Bi_{12}O_{17}Br_2$ by controlled hydrothermal method and their photocatalytic propertics［J］. Journal of the Taiwan Institute of Chemical Engineers，2014，45（5）：2688-2697.

[6] Chang F，Yan W J，Lei B，et al. In-situ constructing Bi_2S_3 nanocrystals-modified $Bi_{12}O_{17}C_{12}$ nanosheets with features of rich oxygen vacancies and reinforced photocatalytic performance［J］. Separation and Purification Technology，2020，235：116171.

[7] Jiang E H，Song N，Zhang X Z，et al. In-situ fabrication of Z-scheme $Bi_3O_4Cl/Bi_{12}O_{17}C_{12}$ heterostructure by facile pH control strategy to boost removal of various pollutants in water［J］. Chemical Engineering Journal，2020，388：123483.

实验十一 锂离子电池的制备组装及性能测试

一、实验目的

1. 了解锂离子电池的工作原理。
2. 掌握正极材料的制备过程。
3. 掌握锂离子电池的组装过程及手套箱的使用。
4. 了解锂离子电池的性能测试。

二、实验原理

锂离子电池因具有能量密度高、放电小和寿命长等优点，而被大规模地应用于便携式电子设备和电动能源汽车等方面。锂离子电池主要由正极材料、负极材料、电解质和隔膜 4 个部分组成。其中正、负极材料能够保证锂离子在其中进行嵌入和脱出，以达到能量的储存及释放目的。电解质一般具有较高的锂离子电导率和极低的电子电导率，以确保锂离子可以在电解液中快速传导并减少自放电。正、负极材料之间的隔膜是为了避免电池因两电极直接接触而短路，并且对电解质具有较好的浸润性，确保形成锂离子的迁移通道。可充/放电“摇椅式”锂离子电池的基本工作原理如图 2-6 所示。

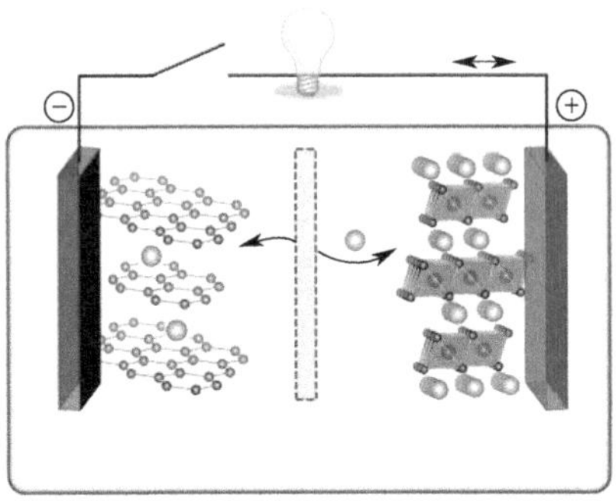

图 2-6 可充/放电“摇椅式”锂离子电池的工作原理

以锰酸锂/石墨锂离子电池为例，充电时，Li^+ 从锰酸锂正极脱出，经过电解液和隔膜嵌入石墨，电子通过外电路从正极到达负极并伴随着正极材料中 $Mn^{3.5+}$ 的氧化，正极材料中锂离子浓度降低而负极材料中锂离子浓度升高。放电过程则正好相反，Li^+ 自发地从负极脱出，经过电解液和隔膜并嵌入正极材料中，电子从外电路到达正极并引发高价锰的还原。所以，循环过程中锂离子电池的电化学反应式如下：

$$\text{正极反应：}LiMn_2O_4 \rightleftharpoons Li_{1-x}Mn_2O_4 + xLi^+ + xe^- \tag{2-1}$$

$$\text{负极反应：}6C + xLi^+ + xe^- \rightleftharpoons Li_xC_6 \tag{2-2}$$

$$\text{总反应：}LiMn_2O_4 + 6C \rightleftharpoons Li_{1-x}Mn_2O_4 + Li_xC_6 \tag{2-3}$$

用来衡量电池存储能量的常见指标是比能量和比容量，两者均可从质量和体积两个方面来评估，其常用单位分别是 $Wh \cdot kg^{-1}$、$Wh \cdot L^{-1}$、$Ah \cdot kg^{-1}$ 和 $Ah \cdot L^{-1}$。根据能斯特方程可知，在等温等压条件下，当体系发生可逆变化时，体系内所释放的最大电能等于总的电化学反应在标准状态下的吉布斯自由能（$\Delta_r G^{\ominus}$）。因此，根据热力学手册或基于第一性原理 $\Delta_r G^{\ominus}$ 的密度泛函方法计算出总反应式的 $\Delta_r G^{\ominus}$ 后，即可算出不同体系的能量密度极限，可用于开展高比能锂离子电池的研究。一般地，不同体系的实际能量密度常用其质量比容量与反应电位的乘积来计算。电极材料的质量比容量代表单位质量活性材料所能储存的总电荷量，可通过下式计算：

$$比容量 = nF/3.6M$$

式中，n 为每摩尔电极材料在充/放电过程中转移电子的物质的量；F 为法拉第常数；M 是电极材料的摩尔质量。

本实验将 MnO_2 和 Li_2CO_3 混合物在 700℃下进行煅烧制备 $LiMn_2O_4$ 正极材料，并进行制浆、涂膜、电池组装，最后对组装的电池进行充/放电性能测试。

三、仪器与药品

1. 仪器

玻璃片，涂片刀，铝箔，磁子搅拌器，称量天平，马弗炉，真空干燥箱，封口机，冲片机，玛瑙研钵，X 射线粉末衍射仪，扫描电子显微镜，惰性气体手套箱，电池测试系统。

2. 药品

MnO_2，Li_2CO_3，炭黑（石墨导电炭），聚偏二氟乙烯（PVDF），N-甲基吡咯烷酮（NMP），无水乙醇，$LiPF_6$ 电解液（1 mol/L，溶剂是体积比为 1∶1 的碳酸乙烯酯和碳酸二甲基酯）。

其他材料：负极壳、正极壳、垫片、弹簧片、负极片（如图 2-7 所示）。

电极片：用冲片机冲压涂布好的铝箔制得。

隔膜：聚乙烯材质，用冲片机或剪刀裁剪。

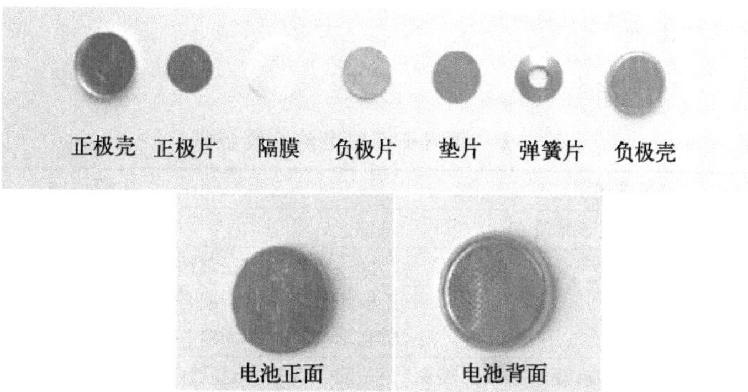

图 2-7 锂离子电池的构成

四、实验内容

1. 正极材料的制备

将 MnO_2 及 Li_2CO_3 按照一定的比例称量，加入玛瑙研钵中，加入 6 mL 无水乙醇，研磨 20 min，将乙醇挥发完全，得黑色混合物。将混合物放入陶瓷坩埚，放入马弗炉内在一定温度条件下进行烧结，得到 $LiMn_2O_4$。方程式如下：

$$8MnO_2+2Li_2CO_3 \xlongequal{} 4LiMn_2O_4+2CO_2\uparrow+O_2\uparrow \tag{2-4}$$

2. 制浆

实验采用制备得到的 $LiMn_2O_4$ 作为正极活性物质，正极复合材料的组分见表 2-1。将聚偏二氟乙烯黏合剂和石墨导电炭与粉末状的 $LiMn_2O_4$ 正极活性物质混合，高速搅拌均匀后，制成浆状的正极物质。

表 2-1 正极复合材料的组分

正极材料	$LiMn_2O_4$ 锂离子电池正极材料
炭导电剂	石墨导电材料
电极黏合剂	聚偏二氟乙烯-水性体系

3. 涂膜

将以 $LiMn_2O_4$ 为正极活性物质的正极浆料均匀涂抹在金属铝箔的表面，烘干，用压片的方法获得正极电极片，逐个称量，将质量相近的分为一组。如果质量对结果影响较大，需记录每一个电极片的质量。称量空白铝箔圆片的质量，需称多个计算平均值，以得到电极片上活性物质的质量。

4. 装配电池

在手套箱内，按负极壳、弹簧片、垫片、锂片、电解液、隔膜、电解液、正极片的顺序放好，经过封装（压强在 50 MPa 左右），即完成电池的装配过程，制成成品电池。

（1）手套箱内压制电池

用镊子夹起组装完成的电池（注意：镊子应夹紧，保证此时不发生漏液、内部滑移等现象）。置入封装机前，采用纸巾擦净电池表面。将电池以镊子夹紧，负极朝上置入压片槽，采用 50 MPa 左右的压强压制电池。封装完成后，将电池置于培养皿中，用纸巾擦拭压片槽，避免电解液腐蚀压片槽（注意：全程操作尽量使用镊子，避免电解液腐蚀手套）。

（2）手套箱内装配电池

具体过程如表 2-2 及图 2-8 所示。

表 2-2 锂离子模拟电池组装步骤

序号	步骤描述	步骤说明
1	正极壳开口面向上，平放于培养皿上	
2	用镊子小心夹取正极片置入正极壳，正极片位于正中	这一步骤应该反复练习，确保镊子夹取的力度合适，不会损伤正极片。严防弯折或者扭曲正极片，保持平整的放在正极壳中。所有圆片尽量保证对齐
3	采用胶头滴管吸取电解液，浸润正极片表面	一般 3 滴较为适宜
4	夹取隔膜，覆盖正极片	检查隔膜厚度，确认是否为 1 片。不要使隔膜提前接触到电解液，应该将隔膜先对准电池壳边缘，缓缓退出镊子，使其均匀覆盖而下
5	再次使用胶头滴管吸取电解液，润湿隔膜表面	由于隔膜是惰性且洁净的物质，这时可以使用滴管前端轻轻碰触隔膜，使之更加平整、均匀，边缘与电池壳接触更为严密。尽量避免隔膜出现褶皱。一般 3～4 滴较为适宜，视隔膜浸润程度

续表

序号	步骤描述	步骤说明
6	用镊子小心夹取负极片置于隔膜表面	
7	将垫片置于负极片上	用镊子小心夹取。注意将光滑面朝上，粗糙面朝下
8	用镊子将弹簧片置于垫片之上	用镊子操作。如不慎放偏，进行微调
9	用镊子夹取正极壳覆盖	用手把负极壳压到正极壳里，并使劲捏一下，使多余的电解液流出

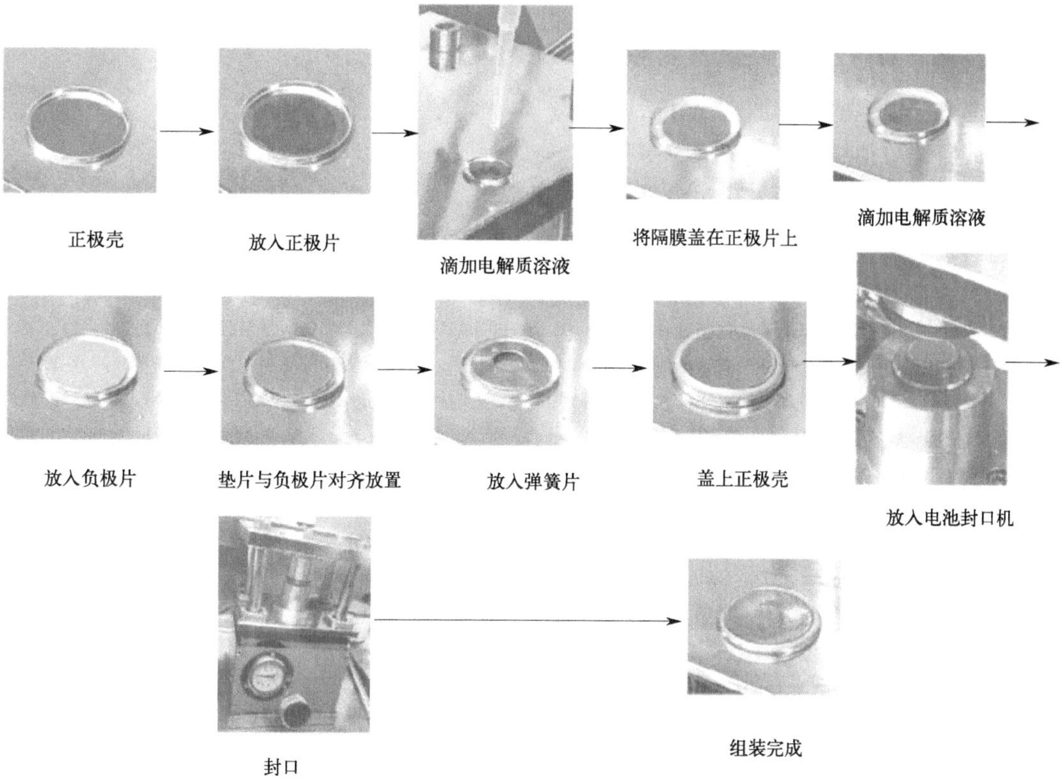

图 2-8 锂电池组装过程示意图

5. 性能测试

设置参数，对电池进行性能测试，包括 CV 曲线测试及充/放电性能测试。从 CV 曲线出发，分析电极反应的发生条件及反应的可逆性，依据电极反应发生的电压范围确定充/放电性能测试的电压范围。此外，结合晶体结构、形貌及合成参数，给出提升电池反应速率及可逆性的方法。在充/放电性能测试环节，分析电压-比容量的关系、循环次数-比容量的关系、充/放电电流-比容量关系、充/放电效率等重要数据；结合晶体结构、形貌及合成参数，进一步分析随着充/放电次数的增加，电池内部材料发生的化学变化，并提出提高电池循环稳定性及倍率性能的方法。

五、注意事项

1. 整体换气，需要打开中间的舱门，先抽气到−0.1 MPa，再充氩气到 0 MPa，此操作反复进行三次。

2. 如果需要往手套箱中放物品，不需要整体换气，中间的舱门必须关紧，打开外小舱门，先把物品放入外舱，关闭舱门，如上所述先抽气再充氩气。如此反复三次，再打开中间舱门，放入物品，关闭舱门。

3. 放入手套箱的物品必须真空干燥 10 h 以上。

4. 无论何时，只要卸下手套位置的铁盘，铁盘与手套箱连接的阀门都必须关闭。

5. 当通过手套箱的小过渡舱将装配过程中所需物品放入手套箱内时，需要进行 3 次抽气、补气循环，其中第一次抽取时间相对长些，补气时间不需太长。

六、思考题

1. 锂离子电池的工作原理是什么?
2. 请简述电池组装工程的注意事项。
3. 如何用性能测试结果得出合格的成品电池?

参考文献

[1] 马璨，吕迎春，李泓. 锂离子电池基础科学问题（Ⅻ）——正极材料［J］. 储能科学与技术，2014，3（1）：53.

[2] 韩啸，张成锟，吴华龙，等. 锂离子电池的工作原理与关键材料［J］. 金属功能材料，2021，28（2）：37-58.

[3] 梁英，饶睦敏，蔡宗平，等. 锂离子电池正极材料 $LiMn_2O_4$ 改性研究进展［J］. 电池工业，2009，14（1）：69.

[4] Ma Z，Shao G，Wang Q，et al. Effects of Nb-dopengd on the structure and electrochemical perfoumance of LiFePOVC composites［J］. Journal of Solid State Chemistry，2014，210：232-237.

[5] Zhang L，Dong T，Yu X，et al. Synthesis and electrochemical perfoumance of $LiNi_{0.7}Co_{0.15}Mn_{0.15}O_2$ as gradient cathode material for lithium batteries［J］. Materials Research Bulletin，2012，47：3269-3272.

[6] Trease N M，Seymour I D，Radin M D，et al. Identifying the distribution of Al^{3+} in $LiNi_{0.8}Co_{0.15}Al_{0.05}O_2$［J］. Chemistry of Matterials，2016，28：8170-8180.

实验十二 半导体光催化剂 BiOBr 纳米晶的制备和光催化性能测试

一、实验目的

1. 了解 BiOBr 纳米晶的性能和应用。
2. 掌握回流法制备 BiOBr 纳米晶的原理。
3. 理解半导体材料的光催化降解机理。
4. 掌握光催化过程的操作和数据处理及分析。

二、实验原理

随着社会的快速发展，环境污染问题日益显著。各种有毒、有害的污染物在空气、水和土壤等环境中不断积累和转移，严重破坏生态平衡，也危害着人类的身体健康。光催化氧化（photocatalytic oxidation）技术是指光照射到一些半导体光催化剂上，如 TiO_2、ZnO、CdS、BiOBr、WO_3 等，价带上的电子受到光激发跃迁到导带，分别在价带和导带上形成光生空穴和电子，在水中产生氧化能力极强的羟基自由基，从而有效地将有机污染物氧化为 CO_2、H_2O 等无机小分子。该污染治理技术具有能耗低、操作简便、反应条件温和、无二次污染等突出优点。

光催化是一种高效、绿色、环保、节能和经济的高级氧化技术。光催化作用在环境保护以及制备清洁能源等方面具有非常重要的作用，其优点如下：

① 半导体光催化剂无毒，具有很好的光热稳定性，且便于储存和运输。

② 半导体光催化剂在紫外光、可见光或红外光的照射下都具有非常强的光催化作用，能够杀菌、消毒、分解大多数有机污染物，也能够分解水产生氧气和清洁能源氢气。

③ 光催化能够彻底杀灭细菌、病毒，并将有机污染物彻底分解成二氧化碳、水以及一些无毒的无机化合物，反应过程中和最终的产物清洁、无污染，即不产生二次污染。

④ 光催化反应的条件要求低，可以在常温、常压下进行，除外界光照之外不需要引入其他能量。对于一般的光催化剂而言，在一定温度下，随着反应温度的增加，催化剂的光催化效率逐渐增强，但是温度过高容易导致催化剂失去活性。

⑤ 光催化技术与其他技术相比，能耗和成本低，且催化剂能够回收并多次重复使用；所使用的能源为廉价、绿色、高效和环保的太阳能，不需要外界提供其他能量。

根据固体能带理论，半导体光催化剂一般由填满电子的低能价带（valence band，VB）和空的高能导带（conduction band，CB）构成，价带和导带之间存在禁带（也称带隙）。当用能量大于或等于禁带宽度（E_g）的光照射到半导体上时，价带上的电子（e^-）被激发跃迁至导带，在价带上产生相应的空穴（h_{VB}），在导带上产生相应的电子（e_{CB}^-）。价带空穴是一种强氧化剂（1.0～3.0 V vs. NHE），可参加有机物种的氧化反应；导带电子是一种强还原剂（0.5～1.5 V vs. NHE），在半导体光催化反应中，一般与表面吸附的 H_2O、O_2 反应生成氧化性很强的羟基自由基（·OH）和超氧离子自由基（$\cdot O_2^-$）等活性物质，如图 2-9

所示。这些活性物质可以将各种有机污染物直接氧化成 CO_2、H_2O 等无机小分子。半导体的光催化活性主要取决于导带与价带的氧化还原电位，价带的氧化还原电位越正，导带的氧化还原电位越负，则光生电子和空穴的氧化还原能力就越强，从而使光催化降解有机物的效率大大提高。

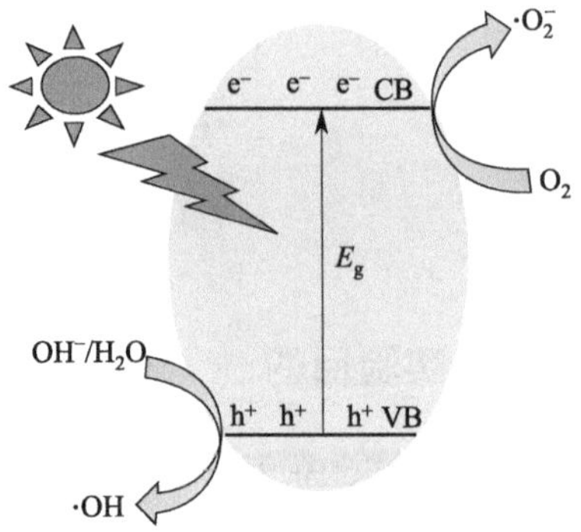

图 2-9 半导体光催化剂能带激发示意图

在过去的几十年里，半导体光催化技术在环境污染治理等方面取得了重大进步。不过，传统的 TiO_2、ZnO 等光催化材料光谱响应范围窄，只能吸收紫外光部分，大大限制了其实际应用。因此，为了充分利用丰富的太阳能，研究具有可见光驱动活性的光催化材料具有更重要的实际意义。卤氧化铋（BiOX，X＝Cl、Br、I）是一种重要的Ⅲ-Ⅳ-Ⅴ族三元半导体化合物，曾广泛用于离子导体、铁电材料和工业颜料。近年来，卤氧化铋（BiOX）本身独特的层状结构，使得它在太阳光下显现出优异的光催化活性而受到广泛关注。卤氧化铋催化剂中，溴氧化铋（BiOBr）属于四方氟氯铅矿相结构，块材呈黄色，禁带宽度约为 2.9 eV，其奇特的结构为原子和轨道极化提供了重要的空间，能够使得光生电子和空穴迅速分离，在可见光照射下可以高效分解废水中的有机染料。

三、基本表征

1. X 射线衍射法

X 射线衍射法（X-ray powder diffraction，XRD）是鉴定物质晶相的有效手段，可以根据特征衍射峰的位置来鉴定样品的物相。此外，用半高宽法，根据谢乐（Scherrer）公式可以计算其平均粒径：

$$\beta_{(2\theta)}=\frac{K\lambda}{L\cos\theta} \tag{2-5}$$

式中，β 为衍射峰半高宽所对应的弧度值；K 为形态常数，为 0.89；λ 为 X 射线波长，当使用 Cu 靶时，$\lambda=1.54178$ Å；L 为粒度大小或一致衍射晶畴大小；θ 为布拉格衍射角。衍射峰的半高宽 β 是晶粒度大小 L 的函数，随着晶粒度大小的增大，衍射峰的半高宽变小，反之则变大。测量时应注意选取多条低角度 X 射线衍射线（$2\theta \leqslant 50°$）进行计算，然后求得平均值。另外，应根据粒子的大小和选取角度的高低，确定应扣除的仪器宽化值和二类畸变引起的宽化值。

一般电镜观察得到的是纳米粒子的粒度而不是晶粒度，而由 X 射线衍射法测定的是粒子的晶粒度。当纳米粒子为多晶时，该法测得的是组成单个颗粒的单个晶粒的平均晶粒度。实验表明，当晶粒度≤50 nm 时，测量值与实际值相近；反之，测量值往往小于实际值。

2. 透射/扫描电子显微镜

透射电子显微镜（TEM）可用于观察纳米微粒的形态、尺寸、粒径大小、粒径分布范围及分布状况等，并用统计平均的方法计算其粒径。而高分辨 TEM 可直接观察纳米微晶的结构，尤其是为界面原子结构的研究提供了有效的手段。扫描电子显微镜（SEM）可用于观察纳米微粒的外貌，尤其是对表面较为粗糙或表面结构复杂的样品具有优势。此外，它还可以对样品进行表面的成分分析。

本实验以 $Bi(NO_3)_3 \cdot 5H_2O$ 为铋源、NaBr 为碱源、乙二醇和水为溶剂，采用回流法制备得到 BiOBr 纳米晶。将得到的产品采用 X 射线衍射法对其进行物相鉴定。利用可见光下罗丹明 B 染料的降解来评价 BiOBr 纳米晶的光催化活性。BiOBr 的生成反应如下：

$$Bi(NO_3)_3 + H_2O = BiONO_3 + 2HNO_3 \tag{2-6}$$

$$BiONO_3 + NaBr = BiOBr + NaNO_3 \tag{2-7}$$

四、仪器与药品

1. 仪器

X 射线衍射仪，光催化降解装置，回流装置一套（温控电加热套一个，24 口回流冷凝管一支，24 口 100 mL 烧瓶一只，橡皮管 2 根），干燥箱，真空循环水泵，镍勺若干，24 口 100 mL 圆底烧瓶 1 只，100 mL 小烧杯若干。

2. 药品

$Bi(NO_3)_2 \cdot 5H_2O$，NaBr，罗丹明 B，乙二醇，去离子水。

五、实验内容

1. 样品的制备

① 准确称取 3 mmol $Bi(NO_3)_3 \cdot 5H_2O$，放入 100 mL 烧瓶中，加入 10 mL 乙二醇，磁力搅拌使其溶解。

② 准确称取 3 mmol NaBr，放入 100 mL 烧杯中，加入 50 mL 去离子水溶解；将所得溶液加入以上溶液中，加回流冷凝管。

③ 加热升温到 100 ℃，并恒温反应 4 h。

④ 反应结束后，取出、冷却，陈化 1 h，依次用蒸馏水、乙醇洗涤，过滤，60 ℃下干燥箱中干燥 1 h，获得产品备用。

2. 样品的表征

① 样品的物相检测：将获得的产品进行 XRD 测试，扫描范围：$2\theta=10°\sim70°$。

② 样品的形貌观察（TEM、SEM）：将样品用超声清洗机超声分散到无水乙醇中，以形成比较稳定的悬浮液。然后将悬浮液滴到涂有非晶碳膜的铜网上，空气中搁置几分钟，待溶剂挥发完全后备用。

3. 光催化降解实验

① 用容量瓶准确配制 500 mL 浓度为 10 mg/L 的罗丹明 B（RhB）模拟废水溶液。

② 称取 50 mg 的 BiOBr 光催化剂，将其加入 60 mL 浓度 c_0 为 10 mg/L 的 RhB 模拟废水中，在搅拌下暗吸附 60 min。然后将溶液置于氙灯下进行光照，每隔 10 min 取出 3～4 mL 上层溶液，离心，取上清液，待测。直至褪色不再取样为止。

③ 在紫外-可见分光光度计上测试其吸光度 A，重复操作，直至溶液褪色。由朗伯-比尔吸收定律：

$$A=\varepsilon cd \tag{2-8}$$

式中，A 为吸光度；ε 为吸光系数；c 为浓度；d 为光程。同一实验中，光程 d 和吸光

系数 ε 都是恒定的，则某时间 t 时，以下两式子成立。

a. 待测溶液中 RhB 浓度的计算：

$$c_t = \frac{A_t}{A_0} c_0 \tag{2-9}$$

b. 模拟废水中 RhB 降解率的计算：

$$降解率 = \frac{c_0 - c_t}{c_0} \times 100\% \tag{2-10}$$

④ 同样的条件下，做空白（不加催化剂）对比实验。

六、数据记录与处理

1. 认真记录实验操作过程中出现的现象。

2. 对照标准卡片，分析 BiOBr 的 XRD 衍射谱图，并对衍射峰进行指标化，利用谢乐公式估算颗粒粒径。

3. 分析 BiOBr 的 SEM 和 TEM 照片，描述其微结构和颗粒尺寸。

4. 记录光催化降解 RhB 的吸光度数据，填写下列表格。

催化剂	时间/min							
	−60	0	10	20	30	40	50	60
BiOBr								
空白								

5. 利用 Origin 软件做出光催化降解 RhB 的降解率随反应时间 t 变化的关系曲线图，并进行分析。

七、思考题

1. 在制备过程中，有哪些因素影响纳米晶粒的尺寸？

2. 查阅相关文献资料，简述 1～2 种制备 BiOBr 纳米晶的其他方法。

3. 在光催化降解实验过程中要注意哪些事项？

参考文献

[1] 蔡伟民，龙明策．环境光催化材料与光催化净化技术［M］．上海：上海交通大学出版社，2011.

[2] 徐娟娟．卤氧化铋及其复合物的制备和光催化性能研究［D］．合肥：安徽建筑大学，2019.

实验十三　负载型镍催化剂用于甲烷、二氧化碳重整制合成气

一、实验目的

1. 了解甲烷、二氧化碳重整制合成气的意义和应用。
2. 掌握负载型催化剂的制备方法。
3. 了解常压固定床反应器的结构和使用方法。

二、实验原理

以煤炭、石油和天然气为代表的化石燃料是当今世界能源的支柱。其中，天然气是优质高效、绿色清洁的低碳能源，可与可再生能源发展形成良性互补。我国天然气供需格局总体宽松，具备大规模利用的资源基础。为提高天然气在我国一次能源消费结构中的比重，国家发展改革委等 13 个部门于 2017 年 7 月制定了《加快推进天然气利用的意见》，为天然气的综合高效利用提供了政策支持。

甲烷是天然气的主要成分，其化学性质较稳定（C—H 键离解能高达 435.43 kJ/mol），很难被直接转化为其他化工产品，将甲烷转化为合成气是其综合利用的重要途径。合成气（主要成分为 H_2 和 CO）是一种极为重要的化工原料气，其经过费-托合成（Fischer-Tropsch process）、羰基合成等反应过程可制得烃类、低碳醇、氨等一系列重要的化工产品。

将甲烷转化为合成气可通过水蒸气重整（steam reforming of methane，SRM）、部分氧化（partial oxidation of methane，POM）和二氧化碳干气重整（dry CO_2 reforming of methane，DRM）等途径。不同重整方式的产物 H_2/CO 比值各不相同。其中，SRM 生成的 H_2/CO 约为 3，经纯化后可作为氨合成原料气，但过高的 H_2 含量不适用于羰基合成等反应，应用范围有限；POM 是放热反应，尽管能耗低，但高空速反应条件下存在较高的安全隐患；DRM 为吸热反应，反应过程可实现能量的存储，产物合成气 H_2/CO 约为 1，CO_2 残量低，可直接作为费-托合成和羰基合成的原料气，是极具现实意义的合成气制备路线。DRM 反应过程可同时实现对温室气体 CH_4 和 CO_2 的资源化利用，亦可用于沼气（主要成分为 CH_4 和 CO_2 且体积含量相近）等可再生生物质气的综合利用。此外，Ross 等指出，相比其他重整方式，DRM 路线可降低约 20% 的运营成本。DRM 的研究对天然气和可再生生物质气的综合利用、减少温室气体排放都有重要意义。

甲烷、二氧化碳干气重整制合成气涉及的反应如下：

$$CH_4 + CO_2 \longrightarrow 2CO + 2H_2,\ \Delta H^{\ominus}_{298K} = 247\ \text{kJ/mol} \tag{2-11}$$

$$CO_2 + H_2 \longrightarrow CO + H_2O,\ \Delta H^{\ominus}_{298K} = 41\ \text{kJ/mol} \tag{2-12}$$

$$H_2O + C \longrightarrow H_2 + CO,\ \Delta H^{\ominus}_{298K} = 131\ \text{kJ/mol} \tag{2-13}$$

$$CH_4 \longrightarrow C + 2H_2,\ \Delta H^{\ominus}_{298K} = 75\ \text{kJ/mol} \tag{2-14}$$

$$2CO \longrightarrow C + CO_2,\ \Delta H^{\ominus}_{298K} = -172\ \text{kJ/mol} \tag{2-15}$$

其中，反应(2-11) 为目标反应，是吸热过程，高温、低压可获得较理想的转化率；反应(2-12) 是主要副反应，该反应为逆水汽变换反应，由于同时消耗了反应(2-11) 的反应物 CO_2 和产物 H_2，所以合成气中的 H_2/CO 略小于 1，且 CO_2 转化率略大于 CH_4 转化率；反应(2-12) 产生的水蒸气会和催化剂表面的积碳引起反应(2-13)，实现消碳过程；反应(2-14) 为 CH_4 在催化剂表面裂解生成积碳的过程；反应(2-15) 为 CO 歧化生成积碳的过程。催化剂表面的积碳会使催化剂失活，严重时甚至发生反应管道堵塞。因此，开发高活性、抗积碳的催化剂对 DRM 反应至关重要。

早在 1928 年，Fisher 和 Tropsch 首次研究了 DRM 反应，发现金属 Ni、Co 有较好的催化活性。1991 年 Aschcroft 发表的关于 DRM 的研究成果，引起了各国研究人员对该反应的持续关注。根据前人的报道，DRM 催化剂的活性组分主要集中在第Ⅷ族金属元素。其中，贵金属（Pt、Rh、Ru 等）具有较好的催化活性和抗积碳性。然而，过高的成本制约了其大规模工业化使用，发展非贵金属催化剂有着现实需求。已有的研究表明，Ni 基催化剂在相同分散度下的活性仅次于 Pt 和 Ir，因此成为最具有工业应用潜力的 DRM 催化剂。

三、仪器与药品

1. 仪器

分析天平，磁力搅拌器，鼓风干燥箱，马弗炉，粉末压片机，质量流量计，温控仪，气相色谱仪（TCD 检测器），TDX-01 色谱柱。

2. 药品

$Ni(NO_3)_2 \cdot 6H_2O$，γ-Al_2O_3，去离子水。

3. 实验气体

高纯氩，体积分数为 25%的 H_2 与 Ar 标准气，甲烷，二氧化碳，高纯氦。

四、实验内容

1. 催化剂的制备

① 称取适量（基于 Ni 负载质量的 10%计算）$Ni(NO_3)_2 \cdot 6H_2O$，加入去离子水（用量基于 γ-Al_2O_3 的饱和吸水量计算）配制成溶液；

② 加入适量 γ-Al_2O_3，在常温下搅拌 2 h，80 ℃下烘干 12 h；

③ 对烘干后的样品进行研磨，于马弗炉中以 2 ℃/min 的速度升温至 550 ℃焙烧 2 h，获得 NiO/Al_2O_3；

④ 将焙烧后的 NiO/Al_2O_3 样品在粉末压片机中破碎、压片，使用标准分样筛筛取 60～80 目颗粒备用。

2. 催化甲烷、二氧化碳重整活性评价

流程如图 2-10 所示。

① 称取 100 mg 催化剂置于固定床反应管中，催化剂两端填入石英棉，将固定床反应管装入管式反应炉，插入热电偶（切勿遗漏）。

② 开启载气（高纯氦）后打开气相色谱，设置进样口、柱箱与检测器的温度、检测器桥流，走基线至稳定。

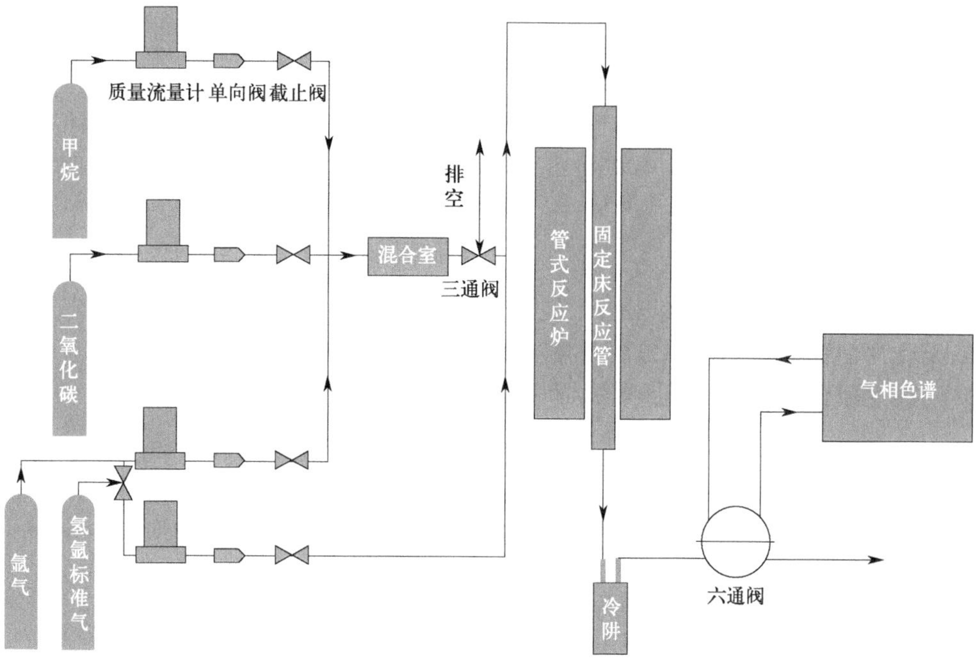

图 2-10 甲烷、二氧化碳重整活性评价装置流程

③ 固定床反应器通入高纯氩以 50 mL/min 的速度吹扫 10 min，同时沿着气路流向对各个接头进行检漏，可使用肥皂水涂抹观察有无气泡产生，若有泄漏现象务必拧紧或更换相关接头；确认无气体泄漏后切换 H_2/Ar 标准气，从室温以 10 ℃/min 的速度升温至 700 ℃，恒温 1 h 后降温至活性评价起始温度，切换高纯氩以 50 mL/min 的速度吹扫 5 min。

④ 调节甲烷、二氧化碳、氩气流量，切换反应气，设定固定床炉温至待测温度，平衡 30 min 后切换六通阀采样，进入气相色谱对反应物和产物进行定性、定量分析。

⑤ 活性评价结束，先停止反应炉加热，再停止并关闭反应气，切换气体至高纯氩进行吹扫，直至反应炉降至室温后关闭气体与电源。气相色谱为相对独立的组件，停止分析后可按照关桥流、降温（含进样口、柱箱、检测器）、关载气的顺序关闭。

五、数据记录与处理

通过色谱分析保留时间对反应物和产物种类进行定性分析，结合色谱峰面积对相应物质进行定量。

甲烷转化率：

$$X_{CH_4}=\frac{F_{CH_4,in}-F_{CH_4,out}}{F_{CH_4,in}}\times 100\% \tag{2-16}$$

式中，F 代表相应物质的摩尔流速。

二氧化碳转化率：

$$X_{CO_2}=\frac{F_{CO_2,in}-F_{CO_2,out}}{F_{CO_2,in}}\times 100\% \tag{2-17}$$

氢气选择性：

$$S_{H_2}=\frac{F_{H_2,out}}{2(F_{CH_4,in}-F_{CH_4,out})}\times100\% \tag{2-18}$$

一氧化碳选择性：

$$S_{CO}=\frac{F_{CO,out}}{(F_{CH_4,in}-F_{CH_4,out})+(F_{CO_2,in}-F_{CO_2,out})}\times100\% \tag{2-19}$$

六、思考题

1. 影响负载型催化剂活性组分分散度的因素有哪些？
2. 催化剂在线原位还原预处理相较离线还原有何好处？
3. 可通过什么途径提高催化剂的抗积碳性能？

参考文献

[1] Seo H O. Recent scientific progress on developing supported Ni catalysts for dry (CO_2) reforming of methane [J]. Catalysts，2018，8 (3)：110.

[2] Bradford M，Vannice M. CO_2 reforming of CH_4 [J] . Catalysis Reviews，2007，41 (1)：1-42.

[3] Ross J R H. Natural gas reforming and CO_2 mitigation [J] . Catalysis Today，2005，100 (1)：151-158.

[4] Pakhare D，Spivey J. A review of dry (CO_2) reforming of methane over noble metal catalysts [J] . Chemical Society Reviews，2014，43 (22)：7813-7837.

[5] Fisher F，Tropsch H. Conversion of methane into hydrogen and carbon monoxide [J] . Brennstoff-Chemie，1928，9：39-46.

实验十四　缺陷 MoS_2/CdS 光催化剂的制备及产氢性能研究

一、实验目的

1. 了解缺陷 MoS_2 助催化剂和 CdS 主催化剂的性能和应用。
2. 掌握缺陷 MoS_2/CdS 光催化剂制备的原理。
3. 了解催化剂光解水产氢机制。

二、实验原理

由于氢能具有解决能源和环境问题的巨大潜力，因此，开发高催化性能和高电荷分离效率的光催化剂是进行光催化氢释放反应的关键。CdS 具有合适的带隙（约 2.4 eV），长期以来一直作为潜在的光催化剂，被用于光催化分解水制氢。但是，由于光生电荷载流子的快速复合、严重的光腐蚀，CdS 表现出微弱的光催化活性。为了提高 CdS 的光催化效率，研究人员已经提出多种设计和改进的方法，诸如控制结晶度、减小晶体尺寸、改变形态等。除这些方法外，还有与其他半导体（如 TiO_2、ZnO、g-C_3N_4 等）构造异质结构或负载助催化剂用于改善 CdS 的光催化性能。其中，已证明使用助催化剂是阻碍电子-空穴重组并加速 CdS 光催化析氢活性的有效方法。据报道，金属硫化物是 CdS 的有效助催化剂。其中，MoS_2 助剂具有低成本、高活性和良好的稳定性，尤其是带隙窄、独特的电子和光学特性等优势，被认为是光催化氢释放反应（HER）较有前景的光催化助剂之一。

光催化技术是一种基于半导体特殊的能带结构所建立的技术，其核心是半导体光催化剂。半导体的能带是由电子未占据的轨道组成的高能导带（conduction band，CB）和电子占据的轨道组成的低能价带（valence band，VB）构成的，半导体的导带和价带之间存在着禁带（forbidden band），导带和价带间禁带的大小称为禁带宽度（band gap，E_g）。基于半导体的光催化过程主要包括三个步骤：

① 大于或等于半导体禁带宽度的太阳光照射到半导体上，半导体被激发产生光生载流子；

② 光生载流子复合、分离并迁移到半导体光催化剂的表面；

③ 迁移至半导体表面的光生载流子与催化剂表面吸附的不同物质发生反应，这将决定光催化性能。

前两个过程主要取决于半导体光催化剂的固有性质。首先，半导体的禁带宽度越窄越好，以便半导体在更宽的光谱范围内响应，吸收更多的太阳光能量，产生更多的光生载流子。由于光生载流子的分离、迁移和复合是竞争过程，光生载流子的复合过程又是限制光催化反应效率提升的一个关键因素，因此，抑制光生载流子的复合，提高其光生载流子的迁移和分离速率是提高半导体光催化剂光催化效率的重要途径。

光催化过程的第三个步骤主要取决于半导体光催化剂材料的表面能态、结构和吸附特性。半导体光催化剂的表面电荷转移以及表面捕获亦是影响光生载流子复合的两个重要因素。因此，提高半导体表面电荷转移速率，以及半导体表面吸附物质捕获光生载流子的速率，能够有效抑制载流子的复合，提高光生载流子的分离效率，从而提高半导体光催化剂的光催化效率。光催化技术经过了多年的研究和发展，逐渐在光催化降解污染物、能源和化学合成领域展现出良好的发展前景。

本实验通过高锰酸钾处理了 MoS_2，然后采用水热法制备了高析氢性能的 MoS_2/CdS 复合材料。高锰酸钾是一种强氧化剂，可以把 MoS_2 中的部分 Mo^{4+} 氧化为 Mo^{6+}，从而在 MoS_2 表面产生缺陷（Mo）空位。缺陷（Mo）空位不仅增强了光生电子的分离和传输能力，而且还暴露出更多的活性位点。缺陷 MoS_2/CdS 复合材料的协同作用表现出显著的光催化产氢性能。

三、仪器与药品

1. 仪器

反应釜，管式炉，超声波清洗机，电热恒温鼓风干燥箱，电子天平，光催化产氢测试系统，台式高速离心机。

2. 药品

钼酸铵，硫脲，乙酸镉，高锰酸钾，无水乙醇，甲醇，硫酸，蒸馏水。

四、实验内容

1. 样品的制备

（1）MoS_2 材料的合成

将钼酸铵（1 mmol）和硫脲（30 mmol）溶解在 35 mL H_2O 中，搅拌 1 h。将混合液倒入反应釜中，200 ℃下反应 24 h，再将获得的 MoS_2 粉末在管式炉中 400 ℃下退火 1 h，得到纯 MoS_2 样品。称取 0.1g 纯 MoS_2 溶解在含 5 mL H_2SO_4（1 mol/L）、5 mL $KMnO_4$（10 mg/L）、35 mL H_2O 的混合溶液中，搅拌 1 h，然后倒入装有四氟乙烯内胆的反应釜中，200 ℃水热反应 12 h，最终得到缺陷 MoS_2 样品。

（2）MoS_2/CdS 复合材料的合成

分别称取 0.01 g、0.03 g、0.05 g、0.1 g、0.3 g 的纯 MoS_2 样品溶解在 5 mL H_2O 中，超声 4 h。把超声后的溶液加入含 0.368 g $Cd(CH_3COO)_2 \cdot 2H_2O$、0.42 g CH_4N_2S 和 15 mL H_2O 的混合溶液中，搅拌 20 min，然后倒入装有四氟乙烯内胆的反应釜中，180 ℃水热反应 12 h，获得系列样品离心，洗涤，干燥。分别标记为 0.01 MoS_2/CdS、0.03 MoS_2/CdS、0.05 MoS_2/CdS、0.1 MoS_2/CdS、0.3 MoS_2/CdS，在相同条件下，不添加 MoS_2 获得纯 CdS 样品。

2. 光催化制氢性能的评估

光催化制氢性能的测量是通过在线光催化制氢评价系统进行的。将 25 mg 催化剂悬浮于含 40 mL 蒸馏水和 10 mL 甲醇的混合反应液中进行磁力搅拌，使其充分混合。在反应之前，用真空泵将溶解在溶液中的空气吸出，直到无气泡产生。光催化反应是用 300 W 的氙灯照射催化剂开始的，工作电流为 17 A。反应一直在光照下进行，并利用在线气相色谱仪（SP7800、TCD、5 个分子筛、N_2 载气）进行分析。每半小时采集一次样品，得到氢气的峰面积，进而得出氢气的产率。

五、数据记录与处理

1. 认真记录实验操作过程中出现的现象。
2. 作出光催化产氢的速率与时间 t 的变化关系曲线图。

六、思考题

1. 如何制备出比表面积更大、活性更高的缺陷 MoS_2？
2. 如何找出缺陷 MoS_2/CdS 复合材料最佳的质量掺杂比例关系？
3. 查阅文献，给出 1～2 种制备缺陷 MoS_2/CdS 复合材料的其他方法。
4. 指出在光催化制氢性能的评估实验过程中要注意的事项。

参考文献

Zhang F J，Li X，Sun X Y，et al. Surface partially oxidized MoS_2 nanosheets as a higher efficient cocatalyst for photocatalytic hydrogen production [J] . Applied Surface Science，2019，487：734-742.

实验十五 用于光催化还原 CO_2 的 Pg-C_3N_4/$CuInS_2$ 光催化剂的制备

一、实验目的

1. 了解光催化的基本原理、多孔 g-C_3N_4（Pg C_3N_4）制备的基本配方和特点。

2. 熟悉 Pg-C_3N_4 的制备方法，了解其实验操作过程。

二、实验原理

化石燃料燃烧产生的大量 CO_2 被排放到大气中，已经超过了自然碳循环的生态阈值。CO_2 浓度的不断增加，是导致全球气候变暖的主要原因之一。因此，如何减少 CO_2 的排放，已成为全球关注的焦点。不管是应对气候变化，还是摆脱人类对化石能源的过度依赖，将 CO_2 转换成高附加值的化学品和燃料，既向全人类发出了巨大挑战，也带来了重大机遇。太阳能作为取之不尽、用之不竭的绿色能源，得到了科研工作者的广泛青睐。人们已经开始尝试将太阳能转换为清洁化学燃料，以解决人类社会发展与能源之间的矛盾。特别是光催化还原 CO_2 以生产清洁和高附加值的化学物质，如 CH_4、HCOOH、CO、CH_3OH 等，相关研究已成为学界热点。

Pg-C_3N_4 是一种无污染且不含金属的绿色催化剂，因其禁带较窄（2.7 eV）、无毒、低成本、优异的化学稳定性和广泛的应用性而备受关注。特别是 Pg-C_3N_4 的导带（CB）边缘足够负，足以将 CO_2 还原为增值化学品。Pg-C_3N_4 表现为二维层状结构，在分子内部层间以 N 为杂原子进行共轭键连接，在 C 原子与 N 原子之间由共价键连接，在分子与分子之间存在弱的相互作用。由于其组织结构和电子结构的特殊性，即使在酸碱条件下 g-C_3N_4 也能保持很高的稳定性。

光催化技术反应机理可以分为以下四个步骤（见图 2-11）：

① 催化剂在可见光照射下吸收光，产生电子和空穴对。受激发的电子会从催化剂的价带（VB）跃迁到导带（CB），并在 VB 上留下空穴。

② 光生电子和空穴在空间上发生分离。该过程与电荷的复合过程是相对的。电荷是否能够有效地分离与电子和空穴的使用寿命，材料的结晶度、尺寸、表面性质，以及许多其他结构因素之间复杂的相互作用有关。电荷复合将使游离的载流子不参加反应就消失。

③ CO_2 吸附。这是光催化剂在可见光照射下能否发生电子转移的首要条件。通常情况下，光催化剂的比表面积越大，活性位点就越多，吸附的 CO_2 的量也就越多。

④ 表面氧化还原反应。光生电子和空穴迁移到表面后，根据催化剂表面有无 H 源参加反应，CO_2 可以在光生电子作用下还原为甲烷、甲醇、CO 等产物，而产物由参与反应的光电子数决定。例如，形成 CO 或甲酸需要 $2e^-$，生成 HCHO、CH_3OH 和 CH_4 分别需要 $4e^-$、$6e^-$ 和 $8e^-$，以及将水氧化成 O_2 或超氧自由基。

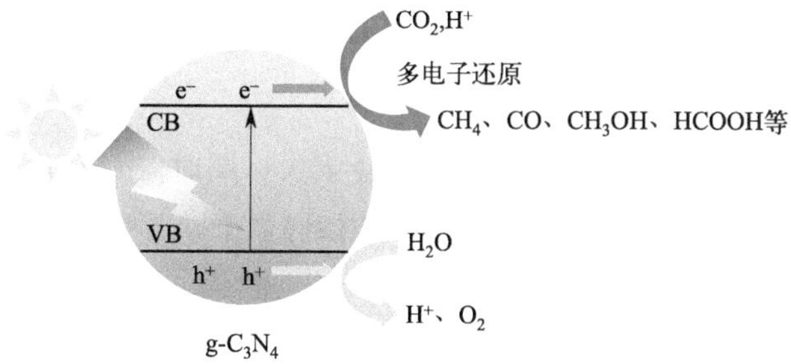

图 2-11　光催化技术反应机理

三、仪器与药品

1. 仪器

烧杯，分析天平，高压反应釜，烘箱，马弗炉，坩埚，研钵，培养皿，转子，试管，搅拌器，气相色谱仪。

2. 药品

CuCl，$InCl_3$，硫粉，三甘醇，尿素，无水乙醇，硫脲，$NaHCO_3$，H_2SO_4。

四、实验内容

1. 多孔 g-C_3N_4（Pg-C_3N_4）的制备

将尿素和硫脲按 3∶1 加热至 823 K，保温 2 h。然后将样品冷却至室温，最终得到黄色粉末状 Pg-C_3N_4。

2. $CuInS_2$ 的合成

将 100 mg 的 CuCl、221 mg 的 $InCl_3$ 和 160 mg 的硫粉混合在 30 mL 三甘醇中，每加一种药品都要进行密闭搅拌，待分散完全后，再加入下一个药品。添加完毕后，密闭室温搅拌约 2 h。共制备 3 组样品。然后，将均质的前体转移到 40 mL 不锈钢高压釜中，并在 200 ℃下分别保持 12 h。冷却至室温后，收集产物并用去离子水和无水乙醇洗涤几次，然后在 60 ℃下干燥 12 h。

3. Pg-C_3N_4/$CuInS_2$ 复合材料的合成

将制备好的 Pg-C_3N_4 纳米片加入高压反应釜中，接着按照 $CuInS_2$ 的合成步骤合成 Pg-C_3N_4/$CuInS_2$ 复合材料。制备一系列不同质量比（1%、3%、5%、7%）的 Pg-C_3N_4/$CuInS_2$ 复合材料。

4. 光催化还原 CO_2 性能测试

通过全玻璃自动在线痕量气体分析系统进行光催化还原 CO_2。光源为 300 W 的氙灯和 420 nm 的截止滤光片。通常，将 20 mg 样品分散到 15 mL H_2O 中以形成悬浮液，然后将悬浮液倒入培养皿中并干燥，以获得沉积在培养皿上的薄膜。然后，将 1.26 g $NaHCO_3$ 粉末和含有光催化剂的培养皿放入反应器中，将反应器抽真空以排除空气。向反应器中注入 4 mL H_2SO_4 溶液，与 $NaHCO_3$ 反应，在系统内原位生成 CO_2 和水蒸气。照明 1 h后，自动提取 0.6 mL 产生的气体，并用 FID 和 TCD 检测器将其注入气相色谱仪，从而确定产品的浓度。

五、注意事项

1. Pg-C_3N_4 在煅烧时需要包上锡纸，以避免损失，同时需要打开通风橱。
2. 使用的试管、反应釜等应尽可能洗净，并彻底烘干，否则合成的样品中会含有杂质。
3. 样品称量要准确。

六、思考题

1. Pg-C_3N_4 在不同温度煅烧时的外观有什么差别？
2. 请简述 Pg-C_3N_4 的结构以及优点、缺点。
3. Pg-C_3N_4/$CuInS_2$ 复合材料的优点是什么？
4. $CuInS_2$ 中，Cu 与 In 比例不同，光催化性能有什么差异？

参考文献

[1] 刘春艳．纳米光催化及光催化环境净化材料［M］．北京：化学工业出版社，2008.
[2] Bignozzi C A. Photocatalysis［M］. Berlin：Springer，2011.

第三章
应用分析化学

实验十六 双极膜电渗析脱盐和产酸碱实验

一、实验目的

1. 理解阴离子交换膜、阳离子交换膜和双极膜的特征和应用。
2. 掌握阴、阳离子在原电池中的传递过程和双极膜电渗析产酸碱过程。
3. 理解不同操作条件对脱盐效果和产酸碱速率的影响。

二、实验原理

作为社会可持续发展的一个重要分支，绿色化工是当今化学工业发展的目标。作为一种最简单的反应和分离技术，膜技术正成为一种有着重大需求的方法，具有低耗高效、过程简单、不污染环境、便于放大等突出优点。除了对非带电粒子进行分离的微滤、超滤、纳滤、渗透汽化等膜过程，对带电粒子的分离或化学反应而言，由于多数过程涉及离子物种的选择性迁移，以离子交换膜为基础的电膜过程成为最主要的可选对象。

离子交换膜是一种膜状的离子交换树脂，通常由高分子骨架、固定基团和固定基团上可移动的离子三个部分组成。根据固定基团电荷性质的不同，离子交换膜可以分为阳离子交换膜和阴离子交换膜。阳离子交换膜的固定基团表面带负电，通常为磺酸基团，因而可以吸引与其电荷相反的离子，排斥与其电荷相同的离子。相反，阴离子交换膜的固定基团表面带正电，通常为季铵基团，它可以吸引带负电的离子，排斥带正电的离子。利用离子交换膜对阴、阳离子的选择透过性实现电解质浓缩或淡化的技术，叫电渗析技术，其工作原理如图3-1所示。在电场的作用下，阳离子向阴极迁移，而阴离子向阳极迁移。阳离子在迁移过程中能透过阳离子交换膜，并被阴离子交换膜阻挡；阴离子能通过阴离子交换膜，并被阳离子交换膜阻挡。通过阴、阳离子交换膜的交替排列，料液就实现了浓缩、淡化。该工艺的性能受到多个设计参数的影响，如电流密度、料液流速、膜池和隔板设计以及膜的特性等。

双极膜作为离子交换膜的一个分支，是由阳离子交换层和阴离子交换层复合而成的一种新型离子交换膜。反向偏流作用（阴膜层朝正极，阳膜层朝负极）下，当电流达到双极膜的极限电流密度时，在双极膜阴、阳离子交换膜的结合层会发生水解离反应，使水分子解离成

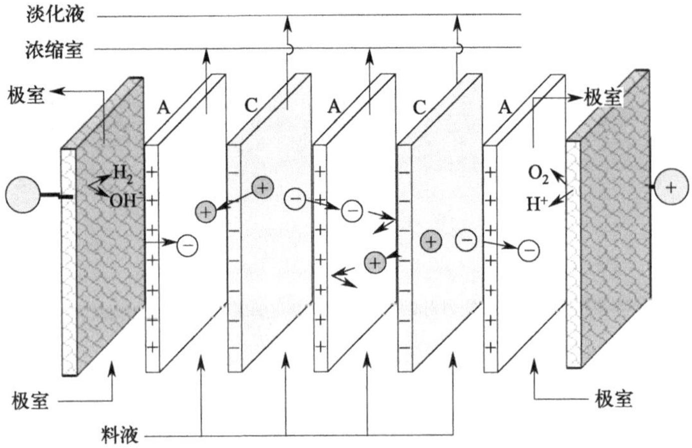

图 3-1 电渗析工作原理示意图

A—阴离子交换膜；C—阳离子交换膜

氢离子和氢氧根离子，原理示意图如图 3-2 所示。将双极膜与阴、阳离子交换膜适当组合的双极膜电渗析过程，其原理示意图如图 3-3 所示，依据离子在电场作用下的定向运动和离子交换膜的选择透过性，以及双极膜特有的水解离产生 H^+、OH^- 的能力，可以在不引入其他盐的条件下实现盐向酸或碱的转化，具有不产生气体和副产物、运行成本低、能源利用率高、占地小、易组装易操作等优点，在化学合成、生化-食品过程和环境保护中都有着广泛的应用。

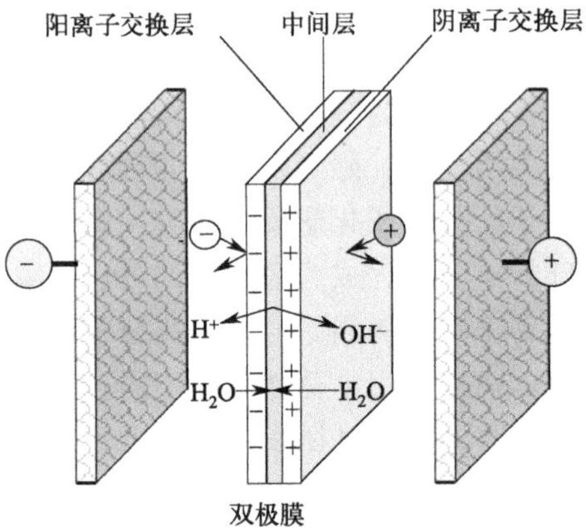

图 3-2 双极膜水解离原理示意图

三、仪器与药品

1. 仪器

双极膜电渗析装置，蠕动泵，直流电源，pH 计，电导率仪，烧杯若干。

2. 药品

硫酸钠，氯化钠，去离子水。

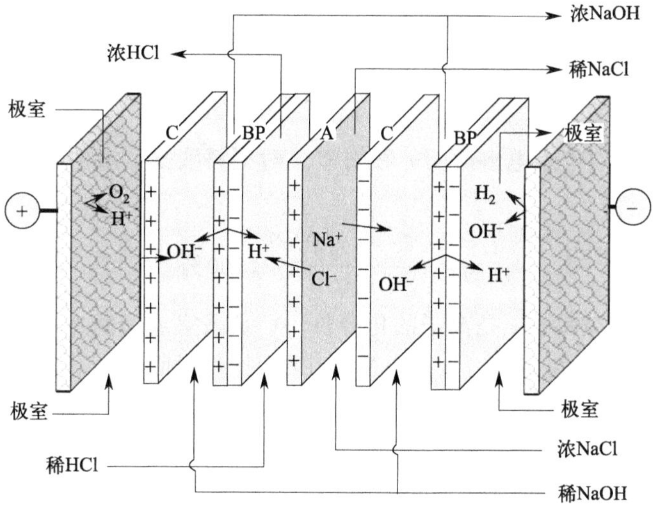

图 3-3 双极膜电渗析将 NaCl 转化成 HCl 和 NaOH 的工作原理示意图

四、实验内容

1. 溶液的配制

① 制备 1 mol/L NaCl 溶液：称取 30 g NaCl，加入 500 mL 去离子水，放入 1000 mL 烧瓶中，磁力搅拌溶解。

② 制备 0.03 mol/L NaCl 溶液：称取 1 g NaCl，加入 500 mL 去离子水，放入 1000 mL 烧瓶中，磁力搅拌溶解。

③ 称取 10 g Na_2SO_4，加入 250 mL 去离子水，放入 500 mL 烧瓶中，磁力搅拌溶解。

2. 脱盐和产酸碱实验

① 膜堆清洗：将蠕动泵流速设置为 300 mL/min，料液室、酸室、碱室和电极室均采用去离子水清洗，操作为连续非循环模式，清洗 15 min，然后将膜堆内的去离子水排出。

② 向料液室通入 1 mol/L 浓的 NaCl 的溶液，酸室和碱室初始通入 0.03 mol/L NaCl 溶液，电极室通入 Na_2SO_4 溶液；在施加电流之前，对各腔室溶液取样，打开蠕动泵，溶液循环 5 min。

③ 接通电源，过程采用恒电流操作，电流密度可分别选用 5 mA/cm^2、7.5 mA/cm^2、10 mA/cm^2、12.5 mA/cm^2 任意一数值，每隔 10 min 记录过程中膜堆料液室的电导率数值，以及酸室、碱室的 pH 变化数值，并采样待滴定分析。

④ 待料液室电导率低于 1 mS/cm，关闭电源，关闭蠕动泵，结束实验；针对各腔室取样，并认真标注样品编号，之后采用 ICP 和离子色谱进行分析。

⑤ 采用 0.5 mol/L 的 NaCl 溶液对膜堆清洗两次，最终使膜堆内充满含盐溶液。

3. 分析方法

(1) 酸碱浓度

可通过滴定分析或 pH 值计算得出。

$$c_{H^-}=10^{-pH} \tag{3-1}$$

$$c_{OH^-}=10^{-14+pH} \tag{3-2}$$

(2) 脱盐效率

$$DR=\frac{c_0-c_t}{c_0}\times 100\% \tag{3-3}$$

式中，c_t 和 c_0 分别代表电解时间 t 时刻和 0 时刻料液室溶液的浓度。

(3) 电流效率

$$\eta=\frac{z(c_t-c_0)VF}{NIt}\times 100\% \tag{3-4}$$

式中，η 表示电流效率；z 是离子的化合价；V 是酸室或碱室中循环溶液的体积；F 是法拉第常数；N 是膜对重复单元；I 是电流；t 表示操作时间。

(4) 能耗

能耗 E(kWh/kg) 是生产 1 kg 的酸或碱所需消耗的能量，其计算方法见下式。

$$E=\int_0^t \frac{UI}{(c_t-c_0)VM}\mathrm{d}t \tag{3-5}$$

式中，U 是膜堆的电压降，V；I 是电流，A；M 是酸（或碱）的摩尔质量。

五、数据记录与处理

1. 认真记录实验操作过程中的数据及出现的现象。
2. 作出电导率，产酸、产碱效率随脱盐时间 t 的变化关系曲线图。
3. 计算脱盐效率、最终酸碱浓度下的电流效率及能耗。

六、思考题

1. 电流密度改变对脱盐效率及产酸、产碱效率的影响是什么？
2. 除了电流效率，还有哪些操作条件会影响实验结果？其影响规律如何？
3. 查阅文献，给出双极膜水解离的可能机理。

参考文献

[1] 徐铜文，黄川徽．离子交换膜制备与应用技术［M］．北京：化学工业出版社，2008.

[2] Kemperman AJ B. Handbook on bipolar membrane technology［M］. Enschede：Twente University Press，2000.

实验十七　水相条件下 1,4-二氢吡啶衍生物的合成及表征

一、实验目的

1. 掌握 Hantzsch 法合成 1,4-二氢吡啶衍生物的原理和方法。
2. 掌握回流、热过滤、重结晶、熔点测定等实验操作技能。
3. 学会用硅胶薄层色谱层析（TLC）法判断产物。
4. 掌握通过熔点、核磁共振氢谱等结构检测手段对比分析产物结构。

二、实验原理

辅酶 NADH 模型化合物在酶催化还原反应中起着重要的作用，其中有一种非常重要的 Hantzsch 酯类 1,4-二氢吡啶化合物，作为钙离子通道的调节剂，日益受到人们的广泛注意，在生物和制药学上得到了广泛的应用。

Hantzsch 关环法是合成 1,4-二氢吡啶化合物的常用方法，即以芳香或脂肪醛、乙酰乙酸乙酯和氨水（或胺）为原料，经过多组分反应得到 1,4-二氢吡啶产物。多组分反应（multicomponent reaction，MCR）是指由 3 个或 3 个以上的起始原料进行反应，用“一锅煮”的方法最终生成一个终产物，在终产物结构中含有所有原料的片段的合成方法。MCR 在一步反应中可一次形成数个甚至十多个化学键而无需分离出中间体，减少了分离操作，提高了反应的效率，与传统的二组分反应相比，其优势显而易见；而且 MCR 一般产率较高，对环境污染小，反应条件温和，易于实现工业化，在固相和液相中均可实施。近年来，浓氨水已经逐渐被更加清洁的固体铵盐（如醋酸铵、碳酸氢铵等）代替，使得反应条件大大改善。

随着绿色化学概念的提出和不断发展，以水为介质的反应越来越引起人们的重视。越来越多的有机反应，包括吡啶衍生物的合成反应，已经能够应用水相条件合成。

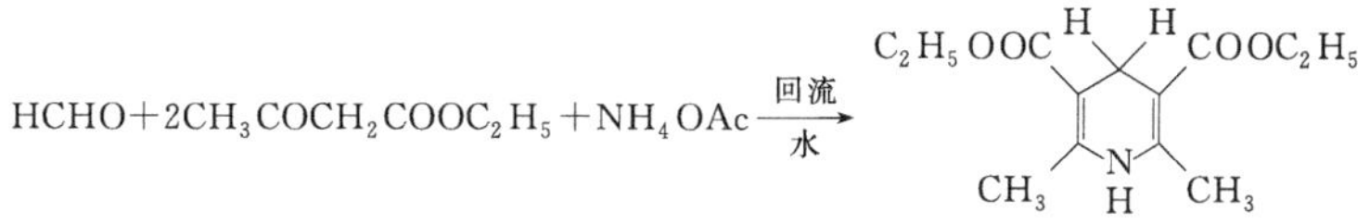

(3-6)

1　2　3　4

本实验是在水相条件下通过 Hantzsch 关环法合成 1,4-二氢吡啶化合物。反应原料为一分子醛[式(3-6)中化合物 1]和两分子羰基酸酯[式(3-6)中化合物 2]及一分子铵盐[式(3-6)中化合物 3]，发生缩合反应得到二氢吡啶衍生物[式(3-6)中化合物 4]，这是一个很普遍的反应，用于合成吡啶同系物。产物二氢吡啶衍生物还可以进一步用氧化剂氧化得到吡啶衍生物。

也可以用环状的 5,5-二甲基-1,3-环己二酮［俗称达美酮，式(3-7) 中化合物 5］代替链状的乙酰乙酸乙酯进行反应，二者都含有活泼亚甲基结构，都可以发生 Hantzsch 缩合反应

合成1,4-二氢吡啶化合物，达美酮的反应方程式如下。

$HCHO + NH_4OAc +$ 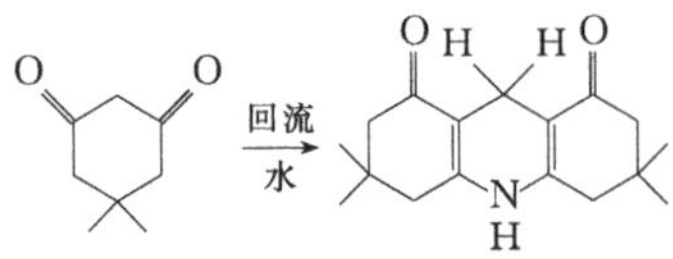 (3-7)

1 3 5 6

三、仪器与药品

1. 仪器

圆底烧瓶（50 mL），球形冷凝管，烧杯，磁力搅拌加热套，真空干燥箱。

2. 药品

多聚甲醛，乙酰乙酸乙酯，醋酸铵，乙醇，5,5-二甲基-1,3-环己二酮，石油醚，乙酸乙酯，丙酮。

四、实验内容

以式(3-6）为例，以芳香或脂肪醛（1）乙酰乙酸乙酯（2）和醋酸铵（3）为原料，不加任何催化剂，在水相条件下回流，得到了Hantzsch酯产物（4)。操作步骤如下：

将0.3 g多聚甲醛、3.0 g乙酰乙酸乙酯、3.2 g醋酸铵混合于50 mL圆底烧瓶中，加入10 mL水作溶剂，油浴加热，在回流条件下剧烈搅拌。反应过程由硅胶薄层色谱（TLC）控制，每30 min点一次样。随着反应的进行，反应瓶中的固体由白色渐渐变成黄色。反应结束之后（反应约需1～2 h)，待反应液冷却至室温，用布氏漏斗滤出固体，用30 mL水洗涤就可以得到纯度非常高的粗产物。粗产物通过硅胶薄层色谱（TLC）与标准产物进行对比，称重，计算粗产物产率。粗产物的进一步纯化可以通过在乙醇/水（4∶1）混合溶剂中重结晶来实现。产物经真空干燥箱烘干（60 ℃，2 h）后称重，计算纯产物产率。纯产物再一次通过硅胶薄层色谱（TLC）与标准产物进行对比。最后通过熔点（标准熔点为183～185 ℃)、红外光谱（IR)、核磁共振波谱（NMR）等鉴定产品纯度。

五、注意事项

1. 粗产物合成过程

① 醋酸铵容易分解，其用量对反应的结果有非常重要的影响。为了提高反应产率，在反应过程中必须使用至少4倍当量的醋酸铵。

② 反应过程中，每30 min就用毛细管点一次样，由硅胶薄层色谱跟踪检测反应进程。当原料点消失不见，即说明反应已经完全，可以停止加热。

③ 产物在水中的溶解度都非常低。原料及产物的低水溶性并不影响反应的效率。恰恰相反，在非均相体系中，这种低水溶性在一定程度上更有利于反应的进行及后处理。当然，这种非均相体系对搅拌有很高的要求，搅拌的剧烈程度对反应的进程有显著影响。

④ 硅胶薄层色谱分析过程中需要切记的是：第一，某种样品在这种展开剂中只显示一个点，并不等于在别的展开剂中也只显示一个点。因此在寻找展开剂时，应多尝试几种比例不同、成分不同的展开剂。展开剂的极性太小，点分不开；极性太大，也分不开。一般以目

标产物的 R_f 值在 0.3 左右为最佳。第二，点不能点得太浓，否则容易重叠，不易判断。第三，板上的点展开的清晰程度与溶剂的极性和物质在该溶剂中的溶解性有关，只有两者都比较合适，才能得到较好的分离效果。

2. 纯化过程中的热过滤与重结晶

重结晶是利用被提纯物和杂质的溶解度不同及各自在混合物中的含量不同而进行的一种分离纯化方法。绝大多数化合物在溶剂中的溶解度随温度的升高而增大，随温度的下降而减小。通常，混合物中的被提纯物为主要成分，其含量较高，容易配制成热的饱和溶液，而此时杂质则远未达到饱和。因此，当热的饱和溶液冷却时，被提纯的物质由于溶解度下降会结晶出来，而杂质则全部或部分留在溶液中（若杂质在溶剂中的溶解度极小，则配成热饱和溶液后可过滤除去），这样便达到了提纯的目的。

（1）溶剂的选择

正确选择溶剂是进行重结晶的前提，对实现重结晶纯化目的具有重要的意义。理想的重结晶溶剂应具备以下条件：

① 不与被提纯物质发生化学反应。

② 被提纯物质在该溶剂中的溶解度，应随温度的变化有显著的差异。一般在溶剂沸点附近的溶解度比室温时至少要大 3 倍。

③ 被提纯物和杂质的溶解度差异应较大。最好是杂质在热溶剂中的溶解度很小（热过滤时可除去）；或者在低温时溶解度很大，冷却后不会随样品结晶出来。

④ 被提纯物质在溶剂中能够形成良好的结晶。

⑤ 溶剂容易挥发，易与结晶分离，便于蒸馏回收，沸点一般在 30～50 ℃之间为宜。注意：溶剂的沸点不得高于被提纯物的熔点；否则当溶剂沸腾时，样品会熔化为油状，给纯化带来麻烦。

⑥ 纯度高，价格低，易得，毒性小，使用安全。

（2）热溶液的配制

将一定量待重结晶的物质置于锥形瓶中，加入比需要量（根据查得的溶解度数据或溶解度试验方法所得的结果估计得到）稍少的适宜溶剂，加热至沸腾。若未完全溶解，可逐次补加少量溶剂，每次加入后均需再加热使溶剂沸腾，直至物质完全溶解。但要注意判断是否有杂质存在，以免误加入过量溶剂。注意事项如下：

① 溶剂的量要适当，公认的原则是：按饱和溶液的需要量多加 20%。这是一个参考值，在实际工作中主要根据实验来确定。

② 若溶液中有颜色或树脂状悬浮液，可以加入 1%～5%的活性炭进行脱色。活性炭的量不宜过多，加入时应注意样品必须溶解完全，且在溶液稍冷之后再加入。此后再加热 5～10 min。

③ 使用易燃、有毒溶剂时，应注意装上回流冷凝管并避免使用明火加热。

（3）热过滤

如图 3-4 所示，过滤有常压和减压两种，其基本要求是避免溶液在过滤过程中出现结晶，因此，应尽可能缩短过滤时间和采取过滤过程中的溶液保温措施。

常压热过滤是利用折叠滤纸和预热的短颈玻璃漏斗进行的重力过滤法。漏斗预热方法有两种：一是沸腾溶剂直接预热，适用于水溶剂，装置如图 3-4(a) 所示；二是用保温热水漏斗套保温过滤，适用于所有溶剂，装置及加热方法如图 3-4(b) 所示。保温漏斗夹层中的水

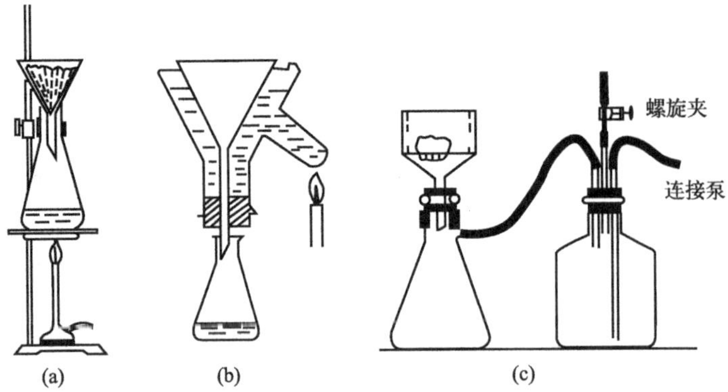

图 3-4 常压热过滤（a）、（b）和减压热过滤（c）装置

量一般为其容积的 2/3。过滤前应预先将其加热到所需要的温度，然后熄灭火源即可起到保温过滤作用。

为了提高过滤速度，滤纸需要经过折叠以增加其过滤面积。滤纸的折叠形状很多，扇形滤纸是其中常用的一种，其折叠方法是：将圆形滤纸连续对折两次，使其形成边 1、边 2 和边 3；打开滤纸至 1/2 对折状即半圆状，继而分别将边 2 和边 3、边 1 和边 3 对折，使其形成边 4 和边 5[图 3-5(a)]；再打开至半圆状，依次再将每等分对折，使其分别形成边 6、边 7、边 8 和边 9[图 3-5(b)和图 3-5(c)]；将半圆状的八等分依次按折痕交替向相反方向对折成 16 等分，得到像扇形一样的排列[图 3-5(d)]，将其打开成图 3-5(e) 状；最后，将边 1 和边 2 处折痕相同的折面分别向相反方向对折一次，即得到一个菊花形滤纸[图 3-5(f)]。使用前应将滤纸翻转并整理好后再放入漏斗中，这样可以避免被手指弄脏的一面接触滤液。

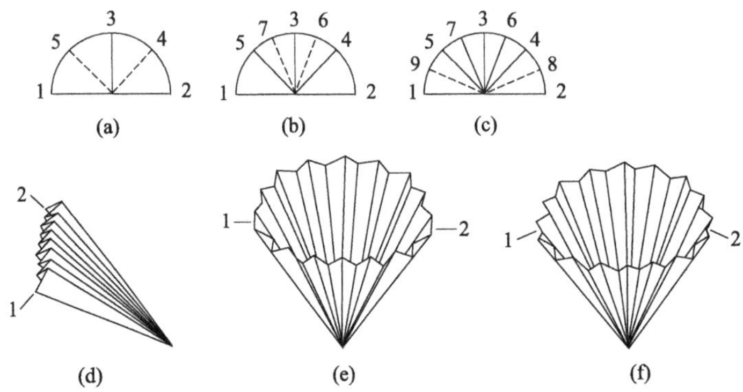

图 3-5 扇形滤纸的折叠方法

（4）结晶的析出

将滤液在室温下冷却，溶液将慢慢析出结晶。迅速冷却将导致结晶颗粒较细，吸附杂质；结晶速度过慢，将导致晶体颗粒过大，结晶中会包藏溶液和杂质，不仅降低纯度，还会给干燥带来麻烦。

如果溶液冷却后仍未有结晶析出，可用玻璃棒摩擦瓶壁促使晶体形成，也可以加入几粒不纯的晶体，或取出少量溶液，使其挥发得到结晶，再加到溶液中去（即所谓“晶种”），进行诱导，使结晶析出。如果溶液中析出油状物，这时用玻璃棒摩擦器壁促使结晶或固化，否则需要改换溶剂或改变用量，再进行结晶。

六、思考题

1. 什么是多组分反应？该反应是否是原子经济性反应？
2. TLC 法的依据是什么？如何判断反应是否进行完全？
3. 为什么醋酸铵要过量？
4. 纯化产物为什么要热过滤？
5. 试设计另一种粗产物的纯化方法。

参考文献

[1] 夏静静，张克华．水相回流条件下 *N*-取代吖啶二酮衍生物的合成［J］．应用化学，2013，30（2）：242-244.
[2] 史达清，牟杰，庄启亚，等．水溶液中 4-芳基-1,4-二氢吡啶衍生物的一步合成法［J］．有机化学，2004，24（9）：1042-1044.

实验十八 壳聚糖的超声波辅助制备及脱乙酰度测定

一、实验目的

1. 了解并掌握壳聚糖的制备原理和操作方法。
2. 掌握微波辐射辅助有机物合成技术。
3. 掌握壳聚糖脱乙酰度的测定原理和方法。

二、实验原理

地球上存在的天然有机化合物中，数量最多的是纤维素，其次是甲壳素。在自然界中，甲壳素每年的生成量约100亿吨，其中每年海洋生物的生成量在10亿吨以上；在虾、蟹壳中，甲壳素占20%左右，在昆虫外壳、蘑菇、贝类、藻类、软骨动物及真菌细胞壁中也广泛存在甲壳素。

壳聚糖，又名可溶性甲壳素、可溶性甲壳质，或甲壳胺，学名聚氨基葡萄糖，由甲壳素与强碱反应脱乙酰基而制得。壳聚糖是一种天然高分子聚合物，来源于生物体，生物相容性好，广泛用于纺织印染、皮革、涂料、塑料、食品、饲料、医药、保健、彩色胶卷、生物工程、农业植保、污水处理等领域。

壳聚糖为白色或灰白色、半透明的片状固体，可溶于大多数稀酸。溶液中的壳聚糖会缓慢水解，其溶液的黏度逐步降低，所以壳聚糖溶液应随配随用，不宜久置。

由于制备壳聚糖时脱乙酰反应不容易完全，所以实际的壳聚糖产品中会含有一定量的乙酰基。脱乙酰度是壳聚糖重要的质量指标之一，是指甲壳素分子中脱除乙酰基的葡萄糖胺单元数占总的葡萄糖胺单元数的百分数。在工业上，脱乙酰度70%以上的产品即为合格品。壳聚糖的脱乙酰度和分子量对其物理和化学性能有较大影响，也是制备过程中较难控制的因素。传统的壳聚糖制备方法是高温加热1小时以上，容易得到副产物。本实验使用超声波辅助处理甲壳素，具有脱乙酰度高、反应速度快等优点。

三、仪器与药品

1. 仪器

数控超声细胞粉碎机，电热恒温真空干燥箱，真空抽滤装置，移液管，碱式滴定管。

2. 药品

片状甲壳素（预备好的），30 g/L HCl溶液，0.5 g/mL（34%）NaOH溶液，10% NaOH溶液，3%乙酸溶液，0.2 mol/L $KMnO_4$ 溶液，1% $NaHSO_3$ 溶液，无水乙醇，0.1 mol/L左右的HCl和NaOH标准溶液，甲基橙-苯胺蓝指示剂，滤纸。

四、实验内容

1. 甲壳素的准备（教师在实验课前准备好）

虾壳用30 g/L HCl溶液浸泡大约6 h，直至无 CO_2 放出，过滤，清水洗至中性，然后用 10%NaOH 溶液浸泡，搅拌，加热至沸腾 1 h 脱蛋白质，过滤，清水洗至中性，进行脱色素操作：将已经脱钙、脱蛋白质的甲壳素在烧杯中用 0.2 mol/L $KMnO_4$ 溶液浸泡 1 h，取出过滤，清水洗净后再加入 1% $NaHSO_3$ 溶液浸泡 10 min，还原掉多余的 $KMnO_4$，加入少量稀盐酸使溶液呈酸性，继续浸泡 20 min，以除去 MnO_2 和过量的 $NaHSO_3$，过滤，清水洗净。将脱色素后的甲壳素在太阳下晒干，得到片状甲壳素。

2. 超声波辅助制备壳聚糖

在 250 mL 烧杯中加入 1 g 已剪成 1 cm×1 cm 的片状甲壳素，再加入 25 mL 0.5 g/mL（34%）NaOH 溶液浸泡；在数控超声细胞粉碎机中进行超声波辐射 2 min 后，搅拌并加热至 110 ℃，脱乙酰反应 1 h 后冷却，过滤，滤渣用清水洗涤到中性，红外灯下干燥、称量，得壳聚糖粗产品。

3. 壳聚糖的纯化

将壳聚糖粗产品溶解于一定量的 3% 乙酸溶液中，抽滤去除不溶杂质，滤液用 10% NaOH 溶液调 pH 至 10 左右，即有壳聚糖析出。抽滤，清水洗涤到中性，用无水乙醇洗涤脱水，然后在室温下用真空干燥箱干燥 24 h。

4. 脱乙酰度的测定

（1）测定原理

当已知质量的壳聚糖样品与已知量的过量盐酸反应足够长时间，壳聚糖中已经脱乙酰的氨基（称为自由氨基）和盐酸反应生成铵盐，见如下反应式：

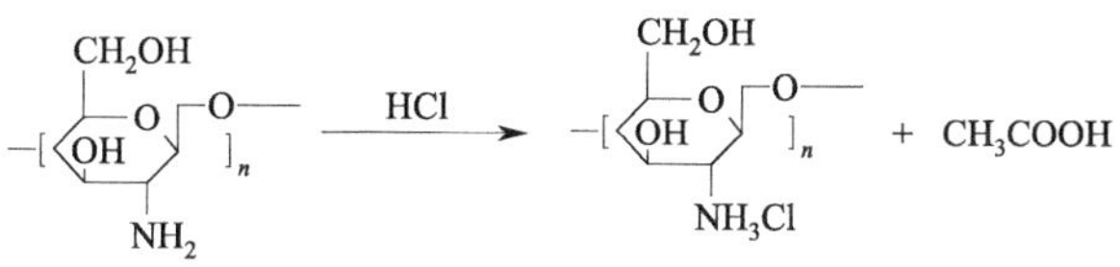

(3-8)

反应消耗的盐酸的量可以通过氢氧化钠标准溶液滴定残留的盐酸得到。根据反应消耗的盐酸的量，按 1∶1 的物质的量比，算出壳聚糖样品中自由氨基的物质的量，乘以氨基的式量，得到自由氨基的质量。自由氨基的质量除以壳聚糖样品的质量，再除以脱乙酰度为 100%的纯壳聚糖中自由氨基的质量分数（9.94%），再乘以 100%，即可得到所测壳聚糖样品的脱乙酰度。

（2）测定步骤

① 水分含量的测定：取 1～2 g 壳聚糖样品，用分析天平称量其质量，在 105 ℃下烘干至恒重，计算失重，再除以烘干前的质量，乘以 100%，即得样品中水分的质量分数，计算公式如下。

$$w=\frac{m_1-m_2}{m_1}\times 100\% \tag{3-9}$$

式中，w 为样品中水分的质量分数；m_1 为烘干前样品的质量，g；m_2 为烘干后样品的质量，g；

② 脱乙酰度的测定：取 0.2 g 左右上述烘干前的壳聚糖样品，用分析天平称量其质量，放入 250 mL 锥形瓶中，加入 25.00 mL 0.1 mol/L HCl 标准溶液，搅拌至完全溶解，加入 5 滴甲基橙-苯胺蓝指示剂，用 0.1 mol/L NaOH 标准溶液滴定至溶液变成浅黄绿色。记下滴定体积，根据所用 HCl 和 NaOH 的物质的量即可算出样品的脱乙酰度。计算公式如下：

$$w_{NH_2}=\frac{(c_1V_1-c_2V_2)\times16.02}{m(1-w)}\times100\% \tag{3-10}$$

式中，w_{NH_2} 为烘干后的壳聚糖样品中自由氨基的质量分数；c_1、c_2 分别为盐酸和氢氧化钠标准溶液的浓度，mol/L；V_1、V_2 分别为消耗的盐酸和氢氧化钠标准溶液的体积，L；16.02 为氨基的摩尔质量，g/mol；m 为壳聚糖样品质量，g；w 为壳聚糖样品中水分的质量分数。

$$\text{D. D}=\frac{w_{NH_2}}{9.94\%}\times100\% \tag{3-11}$$

式中，D. D 为烘干后的壳聚糖样品的脱乙酰度；w_{NH_2} 为烘干后的壳聚糖样品中自由氨基的质量分数；9.94%为脱乙酰度为 100%的纯壳聚糖中自由氨基的质量分数。

五、注意事项

1. 加入 HCl 标准溶液溶解壳聚糖样品时，必须充分搅拌足够时间，一定要保证样品完全溶解。

2. 由于壳聚糖是胶体，使用氢氧化钠标准溶液滴定时，可能导致终点变色不敏锐，实验者要认真观察终点的颜色变化，避免氢氧化钠标准溶液量不足或过量。

六、思考题

1. 写出由甲壳素制备壳聚糖的化学反应式。

2. 微波辐射时间过长、强度过大，对脱乙酰度有何影响？

参考文献

[1] 王志华，黄毓礼．壳聚糖脱乙酰度的计算 [J]．北京化工大学学报，2001，28 (1)：84-86.

[2] 张琳，温燕梅，黄淑娟．壳聚糖脱乙酰度的测定方法比较 [J]．广东化工，2010，37 (7)：96-97.

[3] 姜俊艳．壳聚糖的制备及应用 [J]．化学工程师，2003，98 (5)：57-58.

实验十九 螯合树脂吸附铜(Ⅱ)的性能实验

一、实验目的

1. 深入理解吸附的基本原理，掌握吸附实验的操作技能。
2. 学会吸附动力学及等温模型的绘图过程，掌握线性拟合分析数据的方法。
3. 形成积极探索的学习态度，树立正确的环保意识。

二、实验原理

研究螯合树脂对重金属的吸附规律，可以根据实际情况选择铜、镉、铅、汞等。以铜为例，水体中铜离子含量超过一定临界值时，便会进入食物链，从而对人类造成危害。因此，研究水体中铜离子的吸附与去除行为具有重要意义。铜(Ⅱ) 在螯合树脂上的吸附行为受诸多因素影响，包括 pH 值、铜离子初始浓度、温度、固液比及溶液中溶解性有机质含量等。按下式计算树脂对铜(Ⅱ) 的吸附量：

$$q_e=\frac{(c_0-c_e)V}{m} \tag{3-12}$$

式中，q_e 为平衡吸附量，mg/g；c_0 为溶液中铜(Ⅱ) 的初始浓度，mg/L；c_e 为吸附平衡后溶液中剩余铜(Ⅱ) 浓度，mg/L；V 为铜(Ⅱ) 溶液体积，mL；m 为树脂质量，mg。

线性拟合的方法是先在表格里面输入横、纵坐标数据，插入散点图后，右击添加趋势线，设置显示公式、显示 R^2 值，即可根据公式求其他参数。

三、仪器与药品

1. 仪器

恒温振荡器，原子吸收分光光度计，pH 计，磁力搅拌器，50 mL 离心管，移液枪，分析天平，离心机，烧杯。

2. 药品

螯合树脂，铜离子标准溶液，1000 mg/L 铜(Ⅱ) 溶液。

四、实验内容

1. 吸附动力学的测定

取 12 支 50 mL 的离心管，分别装入初始浓度为 20 mg/L 的铜(Ⅱ) 溶液和 0.02 g 树脂，放入 25 ℃的恒温振荡器中振荡，间隔 10 min、20 min、30 min、1 h、2 h、3 h、4 h、5 h、6 h、7 h、8 h 和 9 h 时，取上清液稀释 10 倍后测定剩余铜(Ⅱ) 浓度，并计算吸附量大小。注：10 min 取第 1 支管，20 min 取第 2 支管，依次类推。

2. 吸附等温线的测定

配制 50 mL 初始浓度分别为 20 mg/L、40 mg/L、60 mg/L、80 mg/L、100 mg/L 的铜(Ⅱ) 溶液 3 组，分别加入 0.02 g 树脂。第 1 组放入 25 ℃的恒温振荡器中振荡，第 2 组放入 35 ℃的恒温振荡器中振荡，第 3 组放入 45 ℃的恒温振荡器中振荡，达到吸附平衡后，取上清液分别稀释 10 倍、20 倍、30 倍、40 倍、50 倍，测定剩余铜(Ⅱ) 的浓度，并计算吸附量大小。

五、数据记录与处理

1. 吸附动力学数据（25 ℃）

将实验所得数据填入表 3-1。

表 3-1 吸附动力学数据（25 ℃）

时间	初始浓度 c_0/(mg/L)	树脂用量/g	稀释倍数	吸光度	平衡浓度 c_e/(mg/L)	吸附量/(mg/g)
10 min	20	0.02	10			
20 min	20	0.02	10			
30 min	20	0.02	10			
1 h	20	0.02	10			
2 h	20	0.02	10			
3 h	20	0.02	10			
4 h	20	0.02	10			
5 h	20	0.02	10			
6 h	20	0.02	10			
7 h	20	0.02	10			
8 h	20	0.02	10			
9 h	20	0.02	10			

以时间为横坐标、吸附量为纵坐标绘制图，并利用表 3-2 中的公式进行线性拟合计算：

表 3-2 动力学模型

模型名称	公式	线性拟合方法	线性方程	R^2
二级动力学	$\frac{t}{q_t}=\frac{1}{k_2q_e^2}+\frac{1}{q_e}t$	$\frac{t}{q_t}$为纵坐标，t 为横坐标，作散点图后线性拟合		
Elovich	$q_t=\frac{1}{\beta}\ln(\alpha\beta)+\frac{1}{\beta}\ln t$	q_t 为纵坐标，$\ln t$ 为横坐标，作散点图后线性拟合		
质粒扩散	$q_t=k_p\sqrt{t}+C$	q_t 为纵坐标，$\sqrt{t}$ 为横坐标，作散点图后线性拟合		

2. 吸附等温线数据

将实验所得数据填入表 3-3。

表 3-3 吸附等温线数据

分组	初始浓度 c_0/(mg/L)	树脂用量/g	稀释倍数	吸光度	平衡浓度 c_e/(mg/L)	吸附量/(mg/g)
第 1 组 25 ℃	20	0.02	10			
	40	0.02	20			
	60	0.02	30			
	80	0.02	40			
	100	0.02	50			

续表

分组	初始浓度 c_0/(mg/L)	树脂用量/g	稀释倍数	吸光度	平衡浓度 c_e/(mg/L)	吸附量/(mg/g)
第 2 组 35 ℃	20	0.02	10			
	40	0.02	20			
	60	0.02	30			
	80	0.02	40			
	100	0.02	50			
第 3 组 45 ℃	20	0.02	10			
	40	0.02	20			
	60	0.02	30			
	80	0.02	40			
	100	0.02	50			

以平衡浓度 c_e 为横坐标、吸附量为纵坐标绘图，并利用表 3-4 中的公式进行线性拟合计算：

表 3-4　吸附等温模型

模型名称	公式	线性拟合方法	线性方程	R^2
Langmuir 方程	$\frac{c_e}{q_e}=\frac{c_e}{q_m}+\frac{1}{q_m K_L}$	$\frac{c_e}{q_e}$为纵坐标，c_e 为横坐标，作散点图后线性拟合		
Freundlich 方程	$\lg q_e=n\lg c_e+\lg K_F$	$\lg q_e$ 为纵坐标，$\lg c_e$ 为横坐标，作散点图后线性拟合		

六、思考题

1. 通过理论计算判断该吸附过程是吸热反应还是放热反应？熵增加还是熵减小？
2. 分析实验数据最符合哪个动力学模型与等温模型，并解释可能存在的原因。
3. 阐述物理吸附与化学吸附的区别及联系。

参考文献

[1] 李明愉，曾庆轩，李建博，等．强酸性阳离子交换纤维吸附铟的热力学［J］．中国有色金属学报，2012，22（10）：2846-2854.

[2] 李青彬，冯云晓，程永华．聚甲亚胺酰胺树脂对水中 Cu^{2+} 的吸附［J］．环境工程学报，2014，8（05）：1906-1910.

实验二十 荧光碳量子点的制备及在金属离子检测中的应用

一、实验目的

1. 了解碳量子点的发光原理及特性。
2. 掌握碳量子点的制备方法。
3. 了解碳量子点在金属离子检测方面的应用及检测原理。
4. 掌握紫外-可见光谱仪及荧光光谱仪的使用方法。

二、实验原理

碳量子点（carbon quantum dots，C-dots）是从 2006 年开始兴起的一种继碳纳米管、富勒烯、石墨烯等之后最热门的碳纳米材料，是一种直径小于 10 纳米的、可溶于水或有机溶剂中、以碳为骨架的球形纳米颗粒材料。C-dots 溶液在紫外光照射下可发出明亮的蓝色荧光（见图 3-6）。

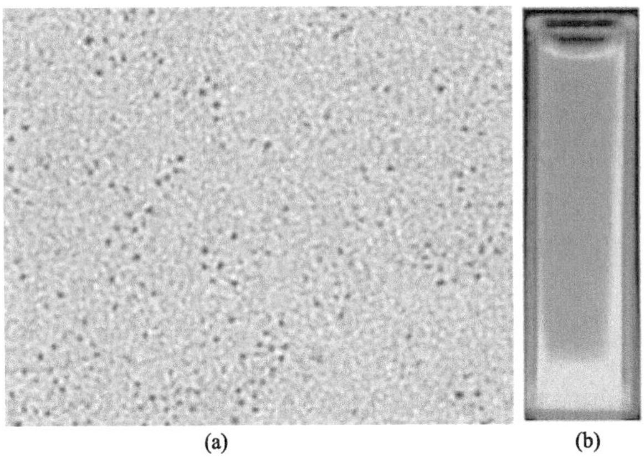

图 3-6 C-dots 的透射电镜图（a）以及紫外光下的荧光发光现象（b）

C-dots 除了具有独特的光学性质外，还具有水溶性高、毒性小、化学惰性强、生物相容性好、光稳定性高等优点。此外，由于 C-dots 的表面含有大量官能团，可以通过有机、无机、高分子聚合等方法对其进行表面功能化。作为一种新型荧光材料，C-dots 在生物传感、光催化剂、光学器件、生物成像等方面有着广泛的应用前景。C-dots 一般有两种合成方法，即自下而上法和自上而下法。自上而下法主要是从较大的含碳结构的物质上，如石墨烯、壳聚糖、聚乙二醇等，通过侵蚀剥落制备 C-dots，是一种典型的物理方法。而自下而上法一般采用回流酸煮法、溶剂热法和微波法等，此方法是以小分子如柠檬酸等为前驱体来合成 C-dots，属化学方法。

日常生活和生产中的重金属离子未经处理或处理未达到标准就被随意排放到环境中，不仅不能被生物降解，而且会在生物放大作用下，通过大气、水体、食物链等传播，不断富集，最后进入人体。重金属元素会在人体内和蛋白质或酶等发生强烈的相互作用，使它们失去活性。同时，重金属离子也可能在人体的一些器官中累积，造成慢性中毒。因此，对金属离子进行检测具有非常重要的意义。C-dots 由于表面带有羧基、氨基等官能团，与金属离子的相互作用可以导致其荧光猝灭，因此可以实现对金属离子的识别和检测。本实验以柠檬酸钠为前驱物和碳源，采用简单的水热法制备表面带有羧基官能团的荧光碳量子点，研究碳量子点的荧光性能，利用碳量子点对金属离子进行荧光检测，研究检测机制。

三、仪器与药品

1. 仪器

傅里叶变换红外光谱仪，荧光分光光度计，紫外-可见分光光度计，透射电镜，高分辨透射电镜，Zeta 电位仪，恒温鼓风干燥箱，反应釜，电子分析天平，数控超声波清洗器，恒温磁力搅拌器，烧杯，离心管，胶头滴管。

2. 药品

柠檬酸钠，碳酸氢铵，$CuSO_4$，$CdCl_2$，$MnSO_4$，$Ni(NO_3)_2$，$FeCl_3$，$PbCl_2$，$HgCl_2$，超纯水。

四、实验内容

1. 碳量子点的制备

称取 0.3 g 柠檬酸钠和 0.2 g 碳酸氢铵于 100 mL 烧杯中，加入 30 mL 超纯水搅拌至溶质完全溶解，然后将混合溶液加入 50 mL 聚四氟乙烯内胆的反应釜中，120 ℃下反应 4 h。反应完全后待体系自然冷却，加入少量超纯水稀释得到碳量子点溶液。

2. 碳量子点的表征方法

采用溴化钾压片法用 NEXUS-870FTIR 型傅里叶变换红外光谱仪对制备的 C-dots 进行红外光谱分析，分析表面官能团；用 UV3600 紫外-可见分光光度计测定样品溶液的紫外光谱，扫描范围为 200～800 nm，采样间隔为 1 nm，扫描速度为中速，光度模式为 Abs；用 F-7000 荧光分光光度计进行荧光特性分析；用透射电镜（TEM）和高分辨透射电镜（HR-TEM）分析碳量子点的形貌和结晶性（JEM-2100F）；利用 Zeta 电位仪分析颗粒的粒度分布情况及表面电荷。

3. 碳量子点的荧光性能

① 取 3 mL 稀释后的碳量子点溶液，在不同激发波长下测其荧光强度，分析发射波长及最佳激发波长；

② 用盐酸调碳量子点溶液的 pH，测不同 pH 值下碳量子点溶液的荧光强度，分析 pH 值对荧光强度的影响。

4. 对不同金属离子的荧光响应

取 2 mL 制备好的碳量子点溶液，分别加入 1 mL 1×10^{-3} mol/L 的各种金属离子，如 Cu^{2+}、Cd^{2+}、Mn^{2+}、Ni^{2+}、Fe^{3+}、Pb^{2+}、Hg^{2+}，测它们的荧光响应情况，分析相同条件下的荧光强度（图 3-7）。

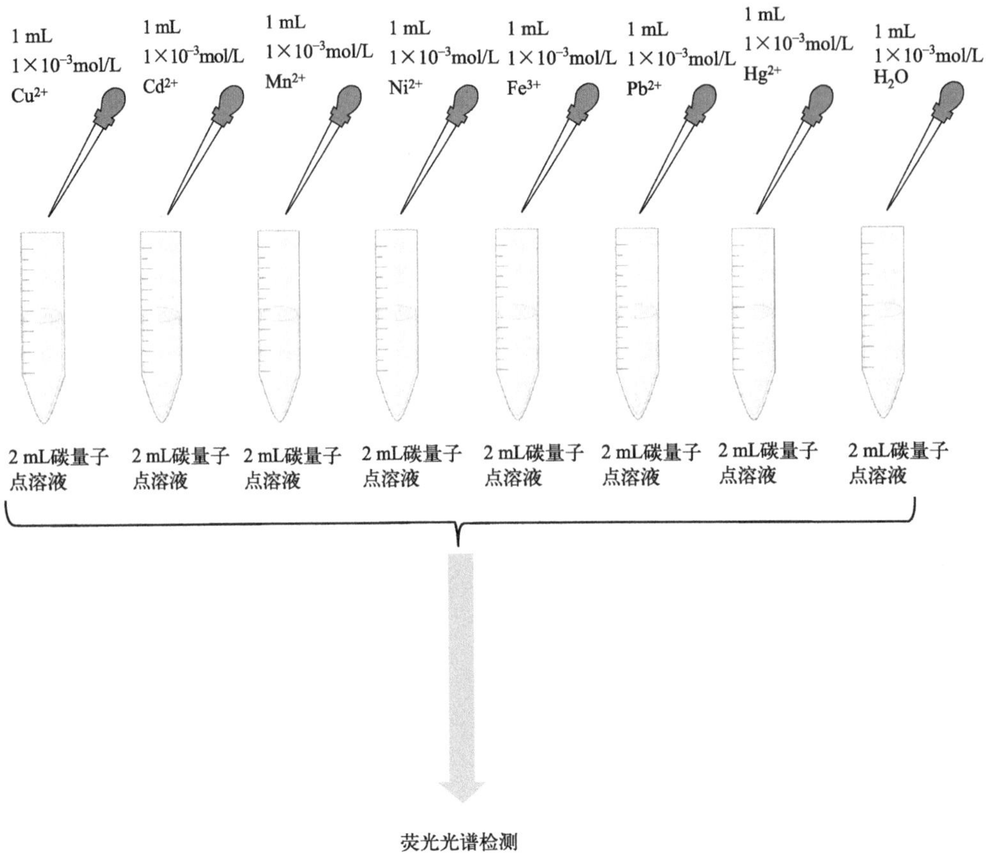

图 3-7 荧光碳量子点溶液的选择性检测及分析

5. 对不同浓度 Fe^{3+} 的检测

对于有荧光响应的 Fe^{3+}，配制不同离子浓度的溶液，分别加入 2 mL 碳量子点溶液，用荧光分光光度计测其荧光响应强度的变化情况，根据浓度与荧光强度的数据作出线性关系图，分析对金属离子的检测极限（图 3-8）。

五、数据记录与处理

1. 认真记录实验操作过程中出现的现象。
2. 记录碳量子点的荧光光谱，并进行分析，找到最佳制备方法。
3. 认真分析碳量子点溶液的红外和紫外光谱数据及光谱图，分析制备的碳量子点中含有哪些官能团。
4. 记录并对比分析碳量子点对不同金属离子的检测情况。
5. 分析碳量子点对 Fe^{3+} 的检测机理及检测极限。

六、思考题

1. 如何选用最佳条件制备碳量子点？
2. 查阅文献，总结碳量子点对金属离子的检测机理。

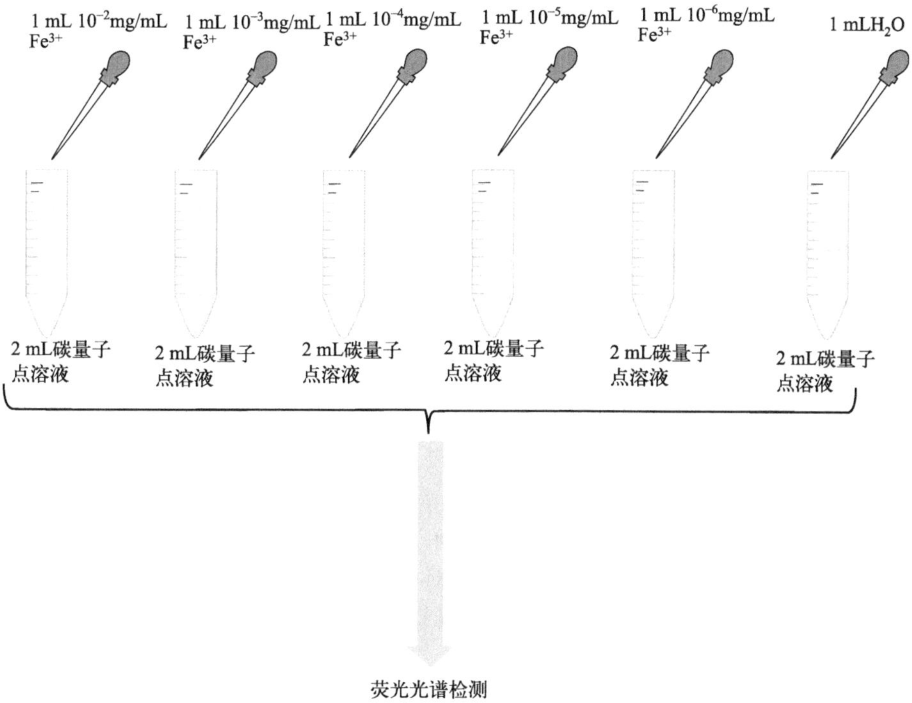

图 3-8 荧光碳量子点对 Fe^{3+} 的检测

3. 表面官能团对碳量子点的荧光发射性质有何影响？

参考文献

[1] 唐荣．荧光碳量子点的制备及其在金属离子检测中的应用 [D]．大连：大连理工大学，2015.

[2] 蒋婷．荧光碳量子点的分离、表征及其在金属离子检测中的应用研究 [D]．上海：东华大学，2019.

[3] 张景春．水溶性碳量子点荧光探针的制备及其性质研究 [D]．上海：上海大学，2011.

[4] 郭艳．碳量子点的结构对荧光发射行为的影响 [D]．太原：中北大学，2012.

[5] 傅小奇．几种有序表面增强拉曼散射基底的制备及其增强效应研究 [D]．南京：南京理工大学，2010.

[6] Fleischmann M P，Hendra P J，Mcquillan A J. Raman spectra of pyridine adsorbed at a silver electrode [J]．Chemical Physics Letters，1974，26 (2)：163-166.

[7] Jeanmaire D L，Duyne R P V. Surface Raman spectroelectrochemistry：Part I. heterocyclic，aromatic，and aliphatic amines adsorbed on the anodized silver electrode [J]．Journal of Electroanalytical Chemistry and Interfacial Electrochemistry，1977，84 (1)：1-20.

[8] 徐丽君．新颖 SERS 基底的制备、表征和光学活性研究 [D]．长沙：湖南大学，2009.

[9] 周涵婧．胃癌血清的表面增强拉曼光谱研究 [D]．青岛：中国海洋大学，2013.

[10] 刘晓云．载贵金属纳米粒子智能杂化微凝胶用作表面增强拉曼光谱基底的研究 [D]．上海：东华大学，2013.

实验二十一 氨的测定——靛酚蓝分光光度法

一、实验目的

1. 掌握靛酚蓝分光光度法测定氨的实验方法。
2. 熟悉靛酚蓝分光光度法测定氨的实验原理。
3. 了解氨测定的意义。

二、实验原理

氨（NH_3）为无色气体，分子量为 17.03，有强烈的刺激性气味；沸点为－33.5 ℃，熔点为－77.8 ℃；对空气的相对密度为 0.5962（空气为 1），1 L 气体在标准状况下质量为 0.7708 g；室温时即可使其液化（临界温度为 132.4 ℃，临界压力为 11.2 MPa），也易被固化成雪状的固体。氨极易溶于水、乙醇和乙醚，0 ℃时每 1 L 水中能溶解 1176 L（907 g）氨，其水溶液由于形成氢氧化铵而呈碱性。氨燃烧时，其火焰稍带绿色；与空气混合，氨体积分数在 16.5%～26.8%时，能形成爆炸性气体。氨在高温时会分解成氮和氢，有还原作用；有催化剂存在时可被氧化成一氧化氮。

氨以游离态或其盐的形式存在于大气中。大气中的氨主要来源于自然界或人为的分解过程，氨是含氮有机物质腐败分解的最终产物。氨是一种重要的化学品，在工业生产中，如染料、合成纤维、硝酸等，有着广泛的应用价值，在全球经济中发挥着至关重要的作用，氨也被认为是未来储氢的理想燃料。

氨的化学测定方法有纳氏试剂比色法、靛酚蓝比色法、亚硝酸盐比色法等。纳氏试剂比色法操作简便，但此法呈色胶体不稳定，易受醛类和硫化物的干扰。亚硝酸盐比色法灵敏度高、干扰少，但操作复杂，它是以溴化物为催化剂，在碱性介质中将硫酸铵变成亚硝酸盐，再通过比色进行定量，现采用的 65%氨转变成亚硝酸盐的系数有待进一步验证。

本实验用靛酚蓝比色法对氨进行测定。此方法灵敏度高，呈色胶体较为稳定，干扰少，但要求操作条件严格，蒸馏水和试剂本底值的增高是影响测定值的主要误差来源。

三、仪器与药品

1. 仪器

紫外-可见分光光度计，恒温鼓风干燥箱，电子分析天平，数控超声波清洗器，磁力搅拌器，烧杯，容量瓶。

2. 药品

二水合柠檬酸钠，水杨酸，氢氧化钠，亚硝基铁氰化钠，次氯酸钠，氯化铵，超纯水。

四、实验内容

1. 50 g/L 水杨酸溶液的制备

称取 10.0 g 水杨酸[$C_6H_4(OH)COOH$]和 10.0 g 二水合柠檬酸钠（$Na_3C_6H_5O_7 \cdot 2H_2O$），加水约 50 mL，再加 55 mL 2 mol/L 氢氧化钠溶液，用水稀释至 200 mL。此试剂稍呈黄色，室温下可稳定一个月。

2. 10 g/L 亚硝基铁氰化钠溶液的制备

称取 1.0 g 亚硝基铁氰化钠 [$Na_2Fe(CN)_5 \cdot NO \cdot 2H_2O$]，溶于 100 mL 水中，贮存于冰箱中可稳定一个月。

3. 0.05 mol/L 次氯酸钠溶液的制备

取 5 mL 次氯酸钠原液，加 45 mL 的 2 mol/L NaOH 溶液。

4. 标准溶液的制备

准确称量 0.03142 g 经 105 ℃下干燥 2 h 的氯化铵（NH_4Cl），用少量水溶解，移入 10 mL 容量瓶中，用吸收液稀释至刻度。此时，1.00 mL 溶液中含 1 mg 的氨，再用水将其稀释成 1.00 mL 含 1 μg 氨的标准溶液。

5. 标准曲线的绘制

依据表 3-5 中的数据绘制标准曲线。

表 3-5 绘制标准曲线所需的数据

氯化铵浓度/(μg/mL)	0	0.05	0.1	0.25	0.5	1	2
标准溶液体积/mL	0	0.05	0.1	0.25	0.5	1	2
H_2O 体积/mL	10	9.95	9.9	9.75	9.5	9	8

于标准色列各管中加入 0.5 mL 5%水杨酸溶液，再加入 0.1 mL 1%亚硝基铁氰化钠溶液和 0.1 mL 0.05mol/L 次氯酸钠溶液，混匀，室温下放置 1 h。用 10 mm 比色皿，以水作参比，在波长 697 nm 下测定各管溶液的吸光度。以氨含量（μg）为横坐标、吸光度为纵坐标绘制标准曲线。

6. 未知样品测定

取待测样品，用同样的方法进行比色反应，并测定其吸光度。依据标准曲线可以计算出待测样品中氨的浓度。

五、数据记录与处理

1. 认真记录实验操作过程中出现的现象。
2. 保存标准溶液的吸光光谱，并进行分析。
3. 绘制标准曲线，并分析其可信度。
4. 记录待测样品的吸光光谱，并计算出待测样品中氨的浓度。

六、思考题

1. 查阅文献，阐述靛酚蓝分光光度法测定氨含量的原理。

2. 分析氨浓度对靛酚蓝分光光度法检测准确度的影响。

参考文献

[1] 郑芳．靛酚蓝分光光度法测定粉煤灰中铵根浓度的研究［J］．中国环保产业，2023（8）：67-69.

[2] 黄辉，魏因布需纳·乔纳森．纳氏试剂分光光度法和靛酚蓝分光光度法对比分析［J］．自动化仪表，2018，39（5）：96-97，102.

[3] 吴宁安，王瑞瑞，刘金利，等．靛酚蓝分光光度法测定高浓度氨氮的低吸光度反常分析［J］．中国有色冶金，2022，51（6）：54-59，102.

实验二十二 二乙酰一肟显色法测定尿素氮

一、实验目的

1. 掌握二乙酰一肟显色法测定尿素氮的实验方法。
2. 熟悉二乙酰一肟显色法测定尿素氮的实验原理。
3. 了解尿素氮测定的意义。

二、实验原理

在酸性条件下加热，稳定的二乙酰一肟会水解成不稳定的二乙酰，后者可与血清中的尿素反应生成红色的二嗪化合物，其颜色深浅与尿素含量成正比。与同样处理的尿素标准液比色可求得样品中的尿素含量。其反应过程如图 3-9 所示。

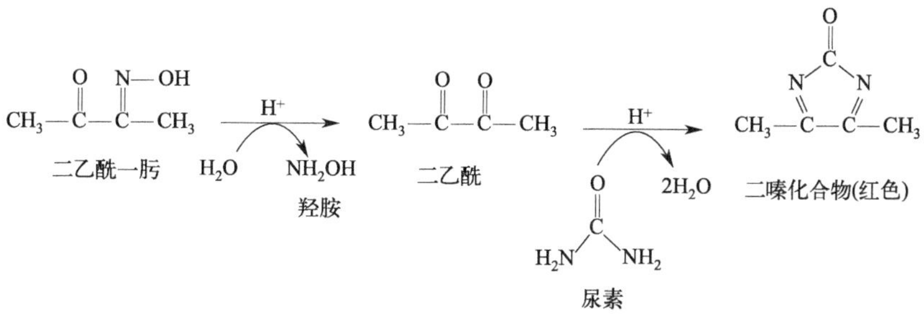

图 3-9 二乙酰一肟显色的反应过程

三、仪器与药品

1. 仪器

紫外-可见分光光度计，恒温鼓风干燥箱，电子分析天平，数控超声波清洗器，恒温磁力搅拌器，棕色容量瓶，三角烧瓶，离心管，胶头滴管。

2. 药品

尿素，浓硫酸，磷酸，氨基硫脲，硫酸镉，二乙酰一肟，超纯水。

四、实验步骤

1. 准备样品溶液（尿素未知浓度）

2. 酸性试剂（或称尿素氮试剂）的制备

在三角烧瓶中加约 100 mL 蒸馏水，再加 4 mL 浓硫酸及 66 mL 85%磷酸，冷却至室温，加入 50 mg 氨基硫脲及 2 g 硫酸镉（$CdSO_4 \cdot 8H_2O$）（提高尿素与二乙酰反应的灵敏度），溶解后用蒸馏水稀释至 1 L。置于棕色瓶中放入冰箱保存，可稳定半年。

3. 二乙酰一肟溶液的制备

称取 20 g 二乙酰一肟，加约 900 mL 蒸馏水，溶解后再用蒸馏水稀释至 1 L。置于棕色瓶中，贮放在冰箱内保存可稳定半年。

4. 尿素氮标准液（14 mmol/L）

称取 84 mg 干燥纯尿素，加少量蒸馏水溶解后，移入 100 mL 容量瓶，再加蒸馏水至刻度。

5. 操作步骤

取 3 支试管，标明测定管、标准管及空白管，按表 3-6 操作。

表 3-6 实验操作

试剂	测定管	标准管	空白管
样品	0.02 mL	—	—
尿素氮标准液	—	0.02 mL	—
蒸馏水	—	—	0.02 mL
二乙酰一肟溶液	0.5 mL	0.5 mL	0.5 mL
酸性试剂	5.0 mL	5.0 mL	5.0 mL

混匀后，置于沸水浴中加热 12 min，取出，置于冷水中冷却 5 min 后，于波长 540 nm 下，以空白管调 0，读取并记录标准管 A_s 及测定管 A_u 的吸光度值。

6. 计算方法

使用式(3-13) 计算测定管内尿素浓度：

$$\text{测定管内尿素浓度}=\frac{A_u}{A_s}\times c_s \quad c_s=14\ \text{mmol/L} \tag{3-13}$$

五、数据记录与处理

1. 认真记录实验操作过程中出现的现象。
2. 记录吸收光谱，并进行分析。
3. 通过公式计算未知样品的尿素浓度。

六、思考题

1. 在进行吸光度测量时，哪些操作步骤会影响实验结果？例如未将分光光度计的盖子盖上，导致实验数据整体偏低

2. 查阅文献，总结该测试方法可能的应用场景。

参考文献

[1] 王惠清，徐洪杰．二乙酰一肟法测定游泳池水中尿素的探讨与改进［J］．江苏预防医学，2022，33（4）：479-480.

[2] 曹昭，万敏，孙陆果，等．两种尿素浓度测定方法的比较［J］．中国实验诊断学，2010，14（1）：135-136.

[3] 王宏青．低浓度尿素检测方法探究［J］．甘肃科技，2019，35（4）：54-55.

实验二十三 酸碱溶液中氢离子浓度函数、分布曲线、浓度对数图的解析与绘制

一、实验目的

1. 学习酸碱溶液中氢离子浓度函数、分布曲线、浓度对数图的相关理论知识，掌握酸碱溶液的理论计算。

2. 掌握使用 Excel 与 Origin 软件绘制氢离子浓度函数图、分布曲线图、浓度对数图的过程及方法。

3. 培养学生欣赏化学之美的热情，形成积极乐观的态度，树立正确的科学价值观。

二、实验原理

计算弱酸溶液中氢离子浓度的精确式如表 3-7 所示。某种酸碱组分的平衡浓度占总浓度的分数为分布分数（δ），pH 对 δ 的变化关系称为分布曲线。计算 δ 分母的公式如表 3-8 所示。δ_n、δ_{n-1}、δ_{n-2}……δ_0 分别为带 $[H^+]^n$、$[H^+]^{n-1}$、$[H^+]^{n-2}$…… $[H^+]^0$ 的项逐项与分母的比值，即各组分的分布分数。浓度对数图是以 pH 为横坐标、不同组分 $\lg c$ 为纵坐标的关系图。

表 3-7 计算弱酸溶液氢离子浓度的精确式

类型	精确式
一元	$[H^+]^3+K_a[H^+]^2-(K_ac+K_w)[H^+]-K_aK_w=0$
二元	$[H^+]^4+K_{a_1}[H^+]^3+(K_{a_1}K_{a_2}-K_{a_1}c-K_w)[H^+]^2-(K_{a_1}K_w+2K_{a_1}K_{a_2}c)[H^+]-K_{a_1}K_{a_2}K_w=0$
三元	$[H^+]^5+K_{a_1}[H^+]^4+(K_{a_1}K_{a_2}-K_{a_1}c-K_w)[H^+]^3+(K_{a_1}K_{a_2}K_{a_3}-2K_{a_1}K_{a_2}c-K_{a_1}K_w)$ $[H^+]^2-(K_{a_1}K_{a_2}K_w+3K_{a_1}K_{a_2}K_{a_3}c)[H^+]-K_{a_1}K_{a_2}K_{a_3}K_w=0$
多元	$[H^+]^6+K_{a_1}[H^+]^5+(K_{a_1}K_{a_2}-K_{a_1}c-K_w)[H^+]^4+(K_{a_1}K_{a_2}K_{a_3}-2K_{a_1}K_{a_2}c-K_{a_1}K_w)[H^+]^3+$ $(K_{a_1}K_{a_2}K_{a_3}K_{a_4}-3K_{a_1}K_{a_2}K_{a_3}c-K_{a_1}K_{a_2}K_w)[H^+]^2-(K_{a_1}K_{a_2}K_{a_3}K_w+4K_{a_1}K_{a_2}K_{a_3}K_{a_4}c)$ $[H^+]-K_{a_1}K_{a_2}K_{a_3}K_{a_4}K_w=0$

表 3-8 计算 δ 分母的公式

弱酸类型	分母
一元	$M_1=[H^+]+K_a$
二元	$M_2=[H^+]^2+[H^+]K_{a_1}+K_{a_1}K_{a_2}$
三元	$M_3=[H^+]^3+[H^+]^2K_{a_1}+[H^+]K_{a_1}K_{a_2}+K_{a_1}K_{a_2}K_{a_3}$
多元	$M_n=[H^+]^n+[H^+]^{n-1}K_{a_1}+[H^+]^{n-2}K_{a_1}K_{a_2}+\cdots+[H^+]K_{a_1}K_{a_2}\cdots K_{a_{(n-1)}}+K_{a_1}K_{a_2}\cdots K_{a_n}$

三、数据分析工具

采用 Excel 与 Origin 软件，或选用 Mathematica、Matlab 软件。

四、实验内容

1. 绘制氢离子浓度函数图

以一氯乙酸为例介绍其计算氢离子浓度的步骤。根据表 3-7 中一氯乙酸的精确式，通过迭代法逐步给氢离子浓度赋值，获取精确式为 0 的点，取得氢离子浓度数据。分别绘制浓度为 0.01 mol/L 的一氯乙酸、碳酸、柠檬酸、焦磷酸溶液的氢离子浓度函数关系图。

2. 绘制分布曲线图

以乙酸为例介绍分布曲线的绘制步骤：

① 打开 Origin 软件，右击 book1 右侧灰色区域，点 “Add new column” 添加所需列数。

② 在 A(X) 列中输入 pH，以 0.1 为步长，由 0.1 开始至 14 结束。

③ 由《分析化学》教材中查表可知，乙酸在水中的解离常数 $K_a=1.8\times10^{-5}$，右击 B (Y) 列，点击 “Set column values”，在弹出的对话框中输入 δ_{Ac^-}，即 1.8 * 10^(-5)/(1.8 * 10^(-5)+10^-Col(A))。点击 “OK”，拖动 B(Y) 列填充柄，B(Y) 列数据已计算完成。

④ 再右击 C(Y) 列点 “Set column values”，在弹出的对话框中输入 δ_{HAc}，即 10^-Col(A)/(1.8 * 10^(-5)+10^-Col(A))。点击 “OK”，拖动 C(Y) 列填充柄，C(Y) 列数据已计算完成。

⑤ 选中所计算数据，点左下角鼠标位置，出现图形，分别绘制乙酸、碳酸、磷酸和焦磷酸的分布曲线图。

3. 绘制浓度对数图

打开 Excel 软件，第一列输入 pH，以 0.01 为步长，由 0 开始至 14 结束。第二列输入氢离子浓度公式 “=10^(-pH)”，并拉至 pH 为 14 的行位。查找所需酸的电离平衡常数，根据分布分数的计算公式，由第三列开始分别输入各组分的分布分数公式，并拉至 pH 为 14 的行位。在新的列中依次输入各离子的对数公式，将所需数据复制粘贴为值，将值复制粘贴在 Origin 软件中，转化为对数图，分别绘制乙酸、碳酸、磷酸和焦磷酸的浓度对数图。

五、思考题

1. 比较浓度为 0.01 mol/L 的一氯乙酸、碳酸、柠檬酸、焦磷酸溶液的 pH 大小，并解释其大小变化的原因。

2. 分析碳酸溶液分布曲线的规律，并检索最新文献阐释其分布曲线在环境分析中的应用。

3. 采用 0.1 mol/L NaOH(aq) 滴定 0.1 mol/L 的 HAc(aq)，若以酚酞作为指示剂 ($pK_{HIn}=9.10$)，请根据浓度对数图计算酸碱滴定终点的误差。

参考文献

[1] 李海斌，谢发之，冯绍杰，等．精确计算弱酸溶液中氢离子浓度 [J]．高师理科学刊，2021，41 (5)：61-65.

[2] 李海斌，谢发之，王颖，等．δ-pH 曲线的绘制及其在环境分析中的应用 [J]．高师理科学刊，2020，40 (3)：77-82.

[3] 李海斌，谢发之，冯绍杰，等．浓度对数图的精确绘制与应用解析 [J]．高师理科学刊，2022，42 (03)：52-56，67.

实验二十四　基于电化学噪声测定铝合金在 NaOH、NaCl 和 $Ce(NO_3)_3$ 溶液中的腐蚀类型和腐蚀速率

一、实验目的

1. 掌握金属腐蚀类型和腐蚀速率的测定方法。
2. 了解电化学噪声测试在腐蚀研究中的应用。

二、实验原理

1. 金属腐蚀概述

金属材料的腐蚀广泛存在于工业生产和民用生活的各个领域，每年由金属材料腐蚀造成的损失是十分巨大的。据英美等西方国家的腐蚀调查统计发现，腐蚀的损失大约占国民生产总值的 3%～5%。中国工程院重大咨询项目——“我国腐蚀状况及控制战略研究”调查结果表明，2014 年腐蚀成本为 21278.2 亿元，占当年国民生产总值的 3.34%。金属腐蚀在造成经济损失的同时，也造成了资源和能源的浪费，世界每年约有 2%～5%的金属由于腐蚀而无法回收再利用。而且金属能造成环境污染，由金属腐蚀造成的有毒物质泄漏等事故层出不穷，直接污染水资源和大气，对人类安全造成威胁。因此，金属的腐蚀与防护十分必要，而腐蚀测量又是腐蚀研究中的热门话题。

2. 电化学噪声

（1）概述

腐蚀常见的测量技术包括塔费尔极化、线性极化、交流阻抗和电化学噪声。虽然可以从极化曲线判断腐蚀类型，但是塔费尔极化由于属于强极化，破坏了材料表面状态；线性极化由于极化很小，基本不对材料造成影响，但是不能判断腐蚀类型；交流阻抗对材料表面状态的影响也很小，通常用来研究腐蚀机理，但是解析难度比较大，等效电路的选择也不具备唯一性。电化学噪声技术则较好地克服了以上技术的缺点，尽管一定程度上也存在数据解析方面的困难，但是由于对材料表面损伤很小，是一种原位测试技术，能够同时测定腐蚀速率和分析腐蚀类型，因此逐渐广泛应用于腐蚀监测和检测领域。

电化学噪声（electrochemical noise，EN）即电极表面上的电化学反应动力系统在演化过程中，系统的电学状态参量（如电极电位、电流）随时间发生随机的非平衡波动，也就是研究电极的界面发生不可逆电化学反应而引起的电极表面电位和电流的自发变化。电化学噪声产生于电化学系统本身，而不是来源于控制仪器的噪声或其他的外来干扰。该信号提供了大量的系统演化信息，包括系统从量变到质变的信息。电化学噪声测量的信号就是工作电极表面的电势和两个工作电极之间的电流随时间的波动，测量中无须对电极施加可能改变电极表面发生的电极反应的外界扰动。所以，电化学噪声测量法是一种原位的、无损的且无干扰的金属腐蚀监测和检测方法。

（2）电化学噪声技术的发展

从 1968 年 Iverson 采用电化学噪声首次观察到了金属电极的电位随时间的波动现象，到如今电化学噪声逐渐成为一门应用于腐蚀与防护科学等研究领域的新技术，电化学噪声技术经历了长足的发展。其中最重要的事件是 D. A. Eden 等公开的电化学噪声的专利，它描述了电流噪声监测局部腐蚀的方法和装置，首次提出了通过电流和电位噪声计算得到的噪声电阻的概念，而且该电阻与稳态下传统电化学测量得到的极化电阻具有十分密切的关系；随后进一步发展了电化学噪声阻抗的概念，描述如何使用同步电位和电流噪声测量电极表面的电化学阻抗谱的方法和装置。这些专利促进了电化学噪声技术的发展和应用，确立了电化学噪声技术的理论和实验基础。

(3) 电化学噪声技术的分类

根据电化学噪声信号不同分为电位噪声和电流噪声。根据电化学噪声来源不同，分为白噪声、散粒噪声和闪烁噪声。白噪声由研究电极中自由电子的随机热运动而产生，是最常见的一类噪声。当自由电子做随机热运动时，会产生一个大小和方向都不确定的随机电流。当它们流过导体时，则产生随机的电位波动。在没有外加电场的情况下，整个体系处于电中性，由于自由电子的运动是随机的，因此这些随机波动的净电流为零。一般情况下，电化学噪声的测量过程中热噪声的影响可以忽略不计。散粒噪声是采用子弹射入靶子时所产生的噪声命名的。散粒噪声来源于表面电极反应产生的随机电流对局部平衡的影响。如果电极反应为完全可逆且达到平衡的体系，可以认为随机流过体系的净电流为零，此时认为被测体系的局部平衡仍没有被破坏，被测体系的散粒噪声可以忽略不计。如果电极反应不可逆或者远离平衡状态，特别是当被测体系为腐蚀体系时，腐蚀电极必然存在局部阴阳极反应，此时流过体系的随机电流不为零，而且该电流必然会对电极表面产生影响，因此，此时的散粒噪声也绝不能忽略不计。白噪声和散粒噪声在时间域内均服从高斯分布，在频域谱内主要影响功率谱密度曲线的水平部分。闪烁噪声又称为 $1/f^n$ 噪声。它出现在所有的有源电子器件中，并与直流偏置电流有关。该噪声引起的功率谱密度正比于 $1/f$，即在功率谱密度图中采用双对数坐标，会出现斜率为 $-n$ 的特征。

(4) 电化学噪声测试与分析

当前最常用的是同种工作电极和异种参比电极，即使用两个一样的工作电极和一个参比电极（比如饱和甘汞电极）构成三电极体系。等同的工作电极可以避免由不同电极之间存在的电势差造成的对测量电极表面电学参量的影响，而且可以大大降低数据处理和模型构造的难度，非常有利于电化学机理的研究。异种参比电极使得电势噪声更具有实际意义。

目前，由电位和电流随时间的连续记录获得的电化学噪声数据可以通过多种方法来研究和分析，主要是统计分析和频域分析等。统计分析里面最常用的指标是噪声电阻 R_n，按式(3-14) 计算。它最早由美国科学家 D. A. Eden 提出，适用于同步测量的电流和电位噪声信号。他在研究中发现：由此得到的 R_n 非常类似于线性极化法所得到的极化电阻，而且两者相关性很好，且均反比于腐蚀电流密度，所以可以作为度量腐蚀速率的指标之一。

$$R_n = \frac{s_E}{s_I} \tag{3-14}$$

式中，s_E 和 s_I 分别表示电位和电流噪声信号的标准差。

频域分析，即将电流或电势信号随时间变化的规律通过某种数学处理转变为频域函数，也就是将电化学噪声信号由时间函数转变为电化学噪声谱，习惯上变换为功率谱密度 (power spectral density，PSD) 曲线。典型的 PSD 曲线如图 3-10 所示，主要参数如下：

① 白噪声水平，即 PSD 曲线中水平部分的高度（数值）W_0；

② 高频段斜率 k，即 PSD 曲线中高频段线性部分的斜率值；

③ 转折频率 f_c，即低频的白噪声水平段与高频段的线性部分交点（转折点）对应的频率；

④ 截止频率 f_0，即高频段曲线没入基底水平对应的频率值。

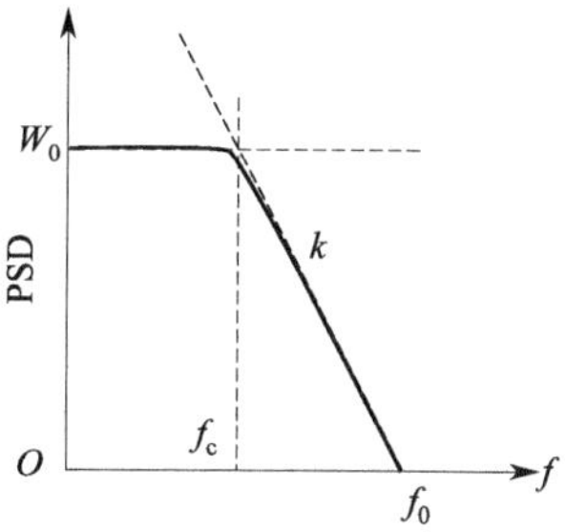

图 3-10　电化学噪声的功率谱密度曲线（PSD）图

由于在测试时间内实际得到的噪声数据往往具有不稳定性，表现为噪声谱中存在明显的直流漂移现象，这种漂移能显著影响噪声数据时域和频域的分析结果，所以在频域变换之前应消除直流部分。目前五次多项式拟合去除是较常见的方式，其思想是构造一个五次多项式 $E_{DC}(t)$，对所测的电化学噪声进行拟合，拟合得到的数据线就是直流漂移线，然后所有对应的测量值 $E(t)$减去相应的漂移值即可得到真实的电化学噪声值 $E_{noise}(t)$，如式(3-15)所示。

$$E_{DC}(t)=E(t)-E_{noise}(t)=a_0+a_1t+a_2t^2+a_3t^3+a_4t^4+a_5t^5 \tag{3-15}$$

一般认为频域分析比时域分析更重要，频域的高频区往往对应着快步骤的动力学特征，而低频区则反映慢步骤的动力学特征。PSD 曲线高频段变化的快慢可以用于区分不同类型的腐蚀，变化越快（即倾斜段坡度越大），则电极表面可能处于钝化或者均匀腐蚀状态。

3. 金相观察

完成电化学噪声测试实验后，使用金相显微镜对样品表面进行观察，判断腐蚀类型，与电化学噪声分析结果对比。

本实验项目拟采用等同的工作电极和参比电极构成三电极测量体系，测量铝合金在 0.1 mol/L NaOH、0.62 mol/L NaCl 和 0.03 mol/L $Ce(NO_3)_3$ 溶液中的电位和电流噪声。它们分别代表了全面腐蚀、点蚀和钝化三种典型体系。测试完毕之后，使用金相显微镜观察。最后，综合电化学噪声测试和金相观察的结果，得出铝合金在不同体系中的腐蚀速率和腐蚀类型。

三、仪器与药品

1. 仪器

电化学工作站，金相显微镜，可调式电炉，吹风机，铝合金试片若干（50 mm×25 mm×2 mm），饱和甘汞电极，不同粗细砂纸一套，1 L 容量瓶，200 mL 小烧杯若干，铜导线，生料带等。

2. 药品

氯化钠，氢氧化钠，硝酸铈，浓硝酸，去离子水，无水乙醇，松香，石蜡。

四、实验内容

① 准备铝合金腐蚀试片六块，用砂纸从 240＃打磨到 1000＃。用水冲洗，无水乙醇除油，再用吹风机吹干，之后连接上铜导线。使用松香、石蜡（松香、石蜡质量比为 1∶3）封装，露出 1 cm^2 的工作面积。

② 使用去离子水分别配制 0.1 mol/L NaOH、0.62 mol/L NaCl 和 0.03 mol/L $Ce(NO_3)_3$ 溶液 500 mL。

③ 分别向 0.1 mol/L NaOH、0.62 mol/L NaCl 和 0.03 mol/L Cc（NO_3）$_3$ 溶液中放入两个封装好的等同的铝合金电极，一个连接工作电极（WE），一个连接地线，参比电极连接饱和甘汞电极。

④ 设置频率为 4 Hz，时间为 2 h，同时测量电位和电流噪声。

⑤ 测试结束后，取出试样，用水冲洗，无水乙醇除油并吹干。

⑥ 室温下浸入浓硝酸 1～5 min 以去除腐蚀产物，使用金相显微镜观察铝合金表面形貌。

五、数据记录与处理

1. 认真记录实验操作过程中出现的现象。
2. 作出不同体系下电位和电流噪声随时间 t 的变化关系曲线图，计算得出不同体系电化学噪声电阻随时间变化的曲线，即腐蚀速率变化曲线。
3. 去除直流偏差，作出不同体系下的 PSD 曲线，结合腐蚀后形貌判断腐蚀类型。

六、思考题

1. 为什么选择两个等同的铝合金电极？
2. 作 PSD 曲线前为什么要去直流偏差？
3. 在电化学噪声实验过程中要注意哪些事项？

参考文献

[1] 胡会利，李宁．电化学测量［M］．北京：国防工业出版社，2007.
[2] 张鉴清．电化学测试技术［M］．北京：化学工业出版社，2010.

第四章
金属有机化学

实验二十五 混合配体型膦胺-Ru(Ⅱ)配合物合成及构效关联

一、实验目的

1. 学习配合物制备的基本原理和结构表征方法。
2. 了解膦胺-Ru(Ⅱ) 配合物在均相加氢领域的应用。
3. 了解膦胺-Ru(Ⅱ) 配合物参与催化加氢反应的基本原理。
4. 初步掌握金属有机化学无水无氧操作技术。

二、实验原理

基于 Ru-H 与 N-H 协同作用的膦胺-Ru(Ⅱ) 配合物在酯、醛、酮等羰基衍生物分子加氢制醇反应中表现出优异的催化活性。在反应过程中，Ru-H 与 N-H 分别与底物分子通过协同的亲核和亲电作用形成“六元环”过渡态，并在 Ru←N 配位键和 Ru—N 共价键的转换中引发 Ru—H 和 N—H 对底物分子 C=O 键的 H^-/H^+ 加成，实现催化加氢；生成的 Ru—NH 结构基元与 H_2 分子通过异裂反应重新形成 $H_2N\rightarrow RuH$。在整个反应过程中，金属 Ru 价态不发生变化，并遵循 16～18 电子规则。

配合物结构对其催化性能有决定性影响。配体作为配合物的主要组成部分，决定着配合物的结构。在膦胺-Ru(Ⅱ) 催化剂体系中，膦胺配体结构上的微小差别即可导致所构成催化剂在性能上的巨大差异。如配体 o-$PPh_2C_6H_4NH_2$ 和 o-$PPh_2C_6H_4CH_2NH_2$ 分别构成的配合物 (o-$PPh_2C_6H_4NH_2)_2RuCl_2$(**1**) 和 (o-$PPh_2C_6H_4CH_2NH_2)_2RuCl_2$(**2**)，如图 4-1 所示，配合物 **1** 和 **2** 结构极为相似。然而，活性测试结果表明，配合物 **1** 可有效催化草酸酯、内酯等加氢制醇，但难以催化位阻较大的芳香酸酯加氢。与配合物 **1** 形成鲜明对比，配合物 **2** 不能有效催化草酸酯加氢，但可在芳香酸酯等底物分子的加氢反应中表现出优异的催化活性。造成配合物 **1** 和 **2** 出现底物选择性的重要原因之一是配合物 **1** 和 **2** 结构中 NH_2 官能团的局部化学环境不同，进而影响它们在催化加氢反应过程中的协同效应。

设计合成结构中含有不同结构膦胺配体的 Ru(Ⅱ) 配合物可弥补单一膦胺配体所构成配合物的不足。例如，构筑结构中同时含有配体 o-$PPh_2C_6H_4NH_2$ 和 o-$PPh_2C_6H_4CH_2NH_2$ 的配合物(o-$PPh_2C_6H_4NH_2$)(o-$PPh_2C_6H_4CH_2NH_2$)$RuCl_2$(**3**)，可克服配合物 **1** 和 **2** 在芳香酸酯或草酸酯加氢反应中的缺陷，表现出更为优异的底物适用性。

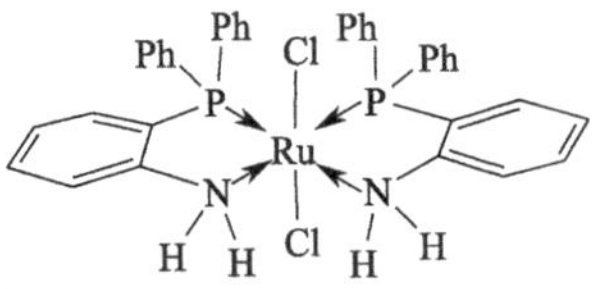

1

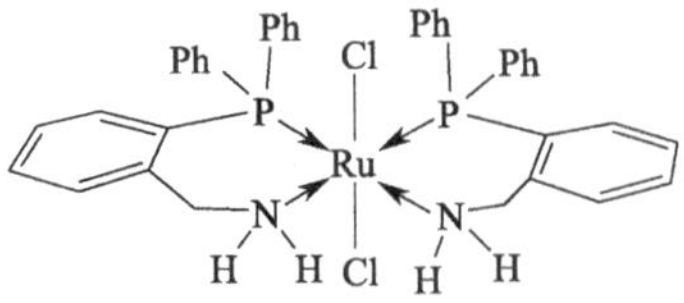

2

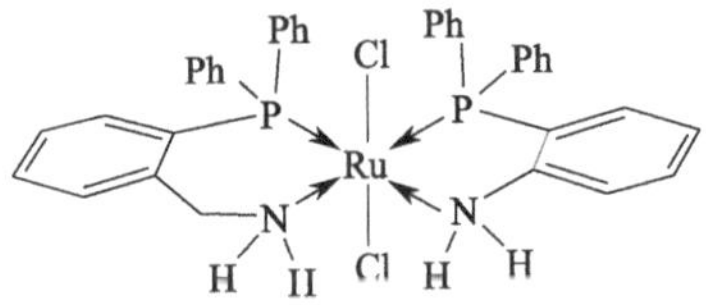

3

图 4-1 三种 Ru(Ⅱ) 配合物的结构

三、仪器与药品

1. 仪器

分析天平，高压反应釜，气相色谱仪，核磁共振波谱仪，红外光谱仪，集热式恒温加热磁力搅拌器，旋片式真空泵，标准 Schlenck 真空线系统，茄形瓶，砂芯漏斗等。

2. 药品

$(PPh_3)_3RuCl_2$（97%），*o*-$PPh_2C_6H_4NH_2$（99%），*o*-$PPh_2C_6H_4CH_2NH_2$（99%），草酸二甲酯（AR），苯甲酸甲酯（AR），甲醇钠（AR），四氢呋喃（AR），甲苯（AR），对二甲苯（AR），正己烷（AR），$CDCl_3$（99.8%）。

四、实验内容

1. 配合物 **1～3** 的合成

（1）配合物 **1** 的合成

惰性气氛下，精确称取 0.48 g（0.5 mmol）$(PPh_3)_3RuCl_2$ 和 0.28 g（1.0 mmol）*o*-$PPh_2C_6H_4NH_2$ 于含有约 40 mL 甲苯的 100 mL 茄形瓶中，密闭后加热至 100 ℃。反应 2 天后，将反应液冷却至室温，过滤、收集并用正己烷洗涤（5 mL×3）生成的黄绿色沉淀，减压干燥，得配合物 **1**。

（2）配合物 **2** 的合成

惰性气氛下，精确称取 0.48 g（0.5 mmol）$(PPh_3)_3RuCl_2$ 和 0.29 g（1.0 mmol）*o*-$PPh_2C_6H_4CH_2NH_2$ 于含有约 40 mL 甲苯的 100 mL 茄形瓶中，密闭加热至 100 ℃。反应过夜后，将反应液冷却至室温，过滤、收集并用正己烷洗涤（5 mL×3）生成的黄色沉淀，减压干燥，得配合物 **2**。

（3）配合物 **3** 的合成

惰性气氛下，精确称取 0.48 g（0.5 mmol）$(PPh_3)_3RuCl_2$ 和 0.14 g（0.5 mmol）*o*-$PPh_2C_6H_4NH_2$ 于含有约 40 mL 甲苯的 100 mL 茄形瓶中，密闭加热至 100 ℃，过夜。反应完成后，将反应液冷却至室温，过滤、收集并用正己烷洗涤（5 mL×3）生成的黄色沉淀，减压干燥，得中间体[(PPh_3)(*o*-$PPh_2C_6H_4NH_2$)$RuCl_2$]$_2$。进一步在惰性气氛下，称取 0.215 g（0.15 mmol）中间体[(PPh_3)(*o*-$PPh_2C_6H_4NH_2$)$RuCl_2$]$_2$ 和 0.095 g（0.325 mmol）*o*-$PPh_2C_6H_4CH_2NH_2$ 于含有约 40 mL 甲苯的 100 mL Schlenk 瓶中，密闭加热至 100 ℃。反应 2

天后，将反应液冷却至室温，过滤、收集并用正己烷洗涤（5 mL×3）生成的淡黄色沉淀，减压干燥，得配合物**3**。

2\. 配合物**1**～**3**的结构表征

① 核磁表征：取少量配合物**1**（或**2**、**3**）置于核磁管中，加入0.5 mL $CDCl_3$，分别测试所得溶液的^1H和$^{31}P\{^1H\}$ NMR核磁数据。

② 红外表征：取微量配合物**1**（或**2**、**3**）与烘干的KBr碾磨均匀，压片，并迅速在仪器上进行测试。

3\. 配合物**1**～**3**的活性评价

称取1.5 mmol草酸二甲酯或苯甲酸甲酯、0.0084 g甲醇钠以及相应质量的配合物**1**[或**2**、**3**；n(酯)∶n(Ru)＝200]于反应釜内衬中，组装好反应釜。将釜内气氛置换成氮气，用注射器抽取2 mL重蒸四氢呋喃注入反应釜中，并进一步置换气氛为H_2，将压力充至5.0 MPa。将釜体置于加热装置中升温至100 ℃维持4 h，然后快速冷却釜体至约5 ℃并排去釜内残余的H_2，向所得反应液加入20 μL对二甲苯，搅拌均匀后采用气相色谱仪进行检测分析。底物转化率和产物选择性采用内标法并分别按如下公式计算。

$$\text{底物转化率}=\left(1-\frac{n_{st}A_i f_i}{A_{st}n_0}\right)\times 100\% \tag{4-1}$$

$$\text{产物选择性}=\frac{n_{st}A_p f_p}{n_0 A_{st}-n_{st}A_i f_i}\times 100\% \tag{4-2}$$

式中，$f_i=n_iA_{st}/(n_{st}A_i)$。其中$n$为相应组分的物质的量；$A$为相应组分的色谱峰面积；$f$为相应组分的相对摩尔校正因子。下标st代表标准物对二甲苯，下标i和0代表反应物，下标p代表产物。

五、注意事项

1. 授课教师需系统地讲解实验安全注意事项。
2. 配合物的合成要严格防止空气中的水分和氧气进入反应体系，以免降低合成收率。
3. 认真观察并记录配合物制备过程中的实验现象。
4. 尽可能缩短用于分析测试和活性评价的样品暴露于空气的时间。
5. 配合物活性评价应在授课老师的全程指导下严格按照要求开展。

六、思考题

1. 如何理解膦胺-Ru(Ⅱ)催化剂在参与催化加氢反应过程中的协同效应？
2. 计算配合物**1**～**3**的合成收率，并分析影响收率高低的因素。
3. 在膦胺-Ru(Ⅱ)催化剂合成中有哪些注意事项？
4. 结合活性评价结果，分析配合物**3**与**1**和**2**在结构和性能上的异同点。

参考文献

[1] 周公度. 结构与物性[M]. 3版. 北京：高等教育出版社，2009.

[2] Fang X, Sun M, Zheng J, et al. CH_2 linkage effects on the reactivity of bis (aminophosphine) -ruthenium complexes for selective hydrogenation of esters into alcohols [J]. Scientific Reports, 2017, 7 (1): 3961.

[3] 马海燕. 过渡金属有机化学[M]. 6版. 上海：华东理工大学出版社，2017.

实验二十六 邻二苯基膦苯胺钌配合物合成及催化性质探究

一、实验目的

1. 学习配合物制备的基本原理和结构表征方法。
2. 初步了解配合物在均相催化领域的应用。
3. 初步了解配合物的活性评价方法。
4. 初步掌握金属有机化学无水无氧操作技术。

二、实验原理

配位化合物，简称配合物，是以金属正离子（或中性原子）作为中心，由若干个负离子或中性分子按一定的空间位置排列在其周围形成的一大类复杂化合物。处于配合物中心位置的正离子或中性原子称为配位中心，也称金属中心；按一定空间位置排列在配位中心周围的负离子或中性分子称为配体。配位中心和配体之间以配位键结合。配位键是配位原子和金属中心间的相互作用，它不同于离子键，也不同于经典的共价键。配体中能够与金属正离子形成配位键的原子称为配位原子。配位原子的总数称为配位数。

配合物应用极为广泛，已经渗透到自然科学的各个领域。配位催化是配合物应用的一个重要方面，如著名的用于α-烯烃定向聚合的齐格勒-纳塔催化剂和用于乙烯控制氧化的钯-铜盐催化剂等。配位催化是在催化剂活性中心的配位界内进行的催化作用，属于均相催化的范畴。在催化反应过程中，催化剂通过电子效应和（或）空间效应，如定向络合、围绕活性中心的配体微环境的位阻效应或不参加催化反应的配体对于对映体选择性的诱导效应等，对催化反应中间体的结构和产物结构起到一定的调控作用。因此，配位催化多呈现出活性高、选择性好以及反应条件温和等优点。

催化不饱和键加氢是有机化学中最重要的化学反应之一，催化剂在这一转化过程中发挥着至关重要的作用。由膦胺配体构成的后过渡金属 Ru、Rh、Ir 等配合物可高效催化羰基衍生物加氢为相应的醇，其中 Ru 配合物的研究和应用最为广泛。目前普遍接受的观点认为，这一类型的催化剂在反应过程中是通过催化剂结构中钌金属氢与配体胺氢的协同作用实现催化加氢的；而且，钌金属氢和配体胺氢两者均不可或缺。然而，由于这一类型催化剂对水、氧均较为敏感，因此大多需要在无水、无氧的条件下合成、储存，并多用于价值较高的精细化学品的合成。

配合物结构对其催化性能有显著影响。例如，配体 o-$PPh_2C_6H_4NH_2$ 的结构较为刚性，与 $(PPh_3)_3RuCl_2$ 或 $(PPh_3)_3RuHCl$ 反应可生成金属中心分别配位有 1、2 和 3 分子 o-$PPh_2C_6H_4NH_2$（或 o-$PPh_2C_6H_4NH$）配体的配合物$[(PPh_3)(o\text{-}PPh_2C_6H_4NH_2)RuCl_2]_2$（**1**）、$(o\text{-}PPh_2C_6H_4NH_2)_2RuCl_2$（**2**）和$[(o\text{-}PPh_2C_6H_4NH_2)_2(o\text{-}PPh_2C_6H_4NH)Ru]^+ Cl^-$（**3**）等。配合物 **1**～**3** 的分子结构如图 4-2 所示。配合物 **1**～**3** 在催化草酸二甲酯（DMO）加氢制乙醇酸甲酯的反应中表现出截然不同的催化性能。

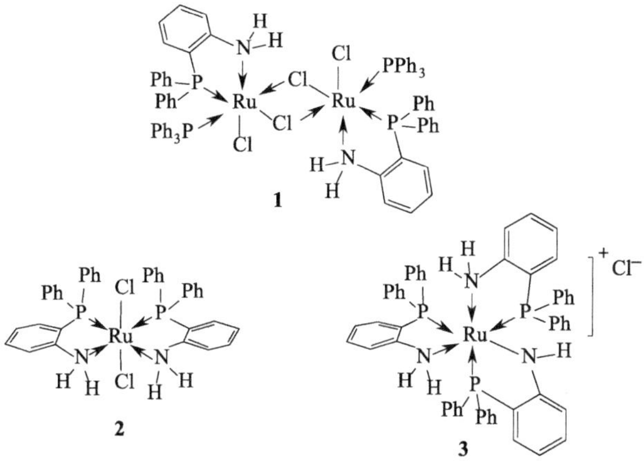

图 4-2　配合物 **1**～**3** 的分子结构

三、仪器与药品

1. 仪器

分析天平，高压反应釜，气相色谱仪，核磁共振波谱仪，红外光谱仪，集热式恒温加热磁力搅拌器，旋片式真空泵，标准 Schlenck 真空线系统，茄形瓶，砂芯漏斗等。

2. 药品

$(PPh_3)_3RuCl_2$（97%），$(PPh_3)_3RuHCl$（97%），o-$PPh_2C_6H_4NH_2$（99%），草酸二甲酯（AR），甲醇钠（AR），四氢呋喃（AR），甲苯（AR），对二甲苯（AR），正己烷（AR），$CDCl_3$（99.8%）。

四、实验内容

1. 配合物 1～3 的合成

（1）配合物 **1** 的合成

惰性气氛下，精确称取 0.48 g $(PPh_3)_3RuCl_2$（0.5 mmol）和 0.14 g o-$PPh_2C_6H_4NH_2$（0.5 mmol）于含有约 40 mL 甲苯的茄形瓶（100 mL）中，密闭后加热至 100 ℃过夜。反应完成后，冷却至室温，过滤、收集并用正己烷洗涤（5 mL×3）生成的黄色沉淀，减压干燥，得配合物 **1**。

（2）配合物 **2** 的合成

惰性气氛下，精确称取 0.48 g $(PPh_3)_3RuCl_2$（0.5 mmol）和 0.28 g o-$PPh_2C_6H_4NH_2$（1.0 mmol）于含有约 40 mL 甲苯的茄形瓶（100 mL）中，密闭后加热至 100 ℃。反应 2 天后，冷却至室温，过滤、收集并用正己烷洗涤（5 mL×3）生成的黄绿色沉淀，减压干燥，得配合物 **2**。

（3）配合物 **3** 的合成

惰性气氛下，精确称取 0.46 g $(PPh_3)_3RuHCl$（0.5 mmol）和 0.42 g o-$PPh_2C_6H_4NH_2$（1.5 mmol）于含有约 40 mL 甲苯的茄形瓶（100 mL）中，密闭后加热至 100 ℃。反应 24 h 后，冷却至室温，过滤、收集并用正己烷洗涤（5 mL×3）生成的黄色沉淀，减压干燥，得配合物**3**。

2. 配合物1～3的结构表征

① 核磁表征：取少量配合物**1**（或**2**、**3**）置于核磁管中，加入0.5 mL $CDCl_3$，分别测试所得溶液的^1H和$^{31}P{^1H}$ NMR核磁数据。

② 红外表征：取微量配合物**1**（或**2**、**3**）与烘干的KBr碾磨均匀，压片，并迅速在仪器上进行测试。

3. 配合物1～3的活性评价

称取0.1771 g DMO、0.0042 g甲醇钠以及相应质量的配合物**1**[或**2**、**3**；n(DMO)∶n(Ru)＝200]于反应釜内衬中，组装好反应釜。将釜内气氛置换成氮气，用注射器抽取2 mL重蒸四氢呋喃注入反应釜中，并进一步置换气氛为H_2，将压力充至5.0 MPa。将釜体置于加热装置中升温至100 ℃维持3 h，然后快速冷却釜体至约5 ℃并排去釜内残余的H_2，向所得反应液加入20 μL对二甲苯，搅拌均匀后采用气相色谱仪进行检测分析。底物转化率和产物选择性采用内标法并分别按式(4-1)和式(4-2)计算。

五、注意事项

1. 授课教师需系统地讲解实验安全注意事项。
2. 配合物的合成要严格防止水、氧进入反应体系，避免原料和产物氧化分解。
3. 准确记录配合物合成过程中的实验现象，如颜色变化等。
4. 用于核磁和红外测试的样品要缩短暴露于空气的时间，尽量在测试前进行配制或碾磨压片。
5. 配合物活性评价应在授课老师的全程指导下严格按照要求开展。

六、思考题

1. 分别计算配合物**1**～**3**的合成收率，并分析原因。
2. 试根据核磁和红外表征结果确定配合物的结构。
3. 试结合活性测试反应结果，对配合物**1**～**3**进行构效关联。
4. 阐述用于产物分析的气相色谱仪的基本原理。

参考文献

[1] 何仁，陶晓春，张兆国．金属有机化学［M］．2版．上海：华东理工大学出版社，2012.

[2] Fang X, Zhang C, Chen J, et al. Synthesis and catalytic performance of ruthenium complexes ligated with rigid o-(diphenylphosphino) aniline for chemoselective hydrogenation of dimethyl oxalate [J]. Rsc Advances, 2016, 6 (51): 45512-45518.

[3] 马海燕．过渡金属有机化学［M］．6版．上海：华东理工大学出版社，2017.

实验二十七 水杨醛缩氨基硫脲 Schiff 碱配体及其配合物的制备和电子吸收光谱

一、实验目的

1. 了解 Schiff 碱及配合物的结构和特性，熟悉 Schiff 碱及配合物的性能和应用。
2. 掌握制备水杨醛缩氨基硫脲 Schiff 碱配体及其配合物的方法。
3. 掌握熔点仪的构造及使用。
4. 熟悉紫外-可见分光光度计及操作。

二、实验原理

1. Schiff 碱及配合物

席夫（Schiff）碱是氮原子与碳原子用双键连接形成的一类化合物，有（Z）-、（E）-两种构型。C═N 键长为 0.124～0.128 nm，偶极矩约 0.90 D。亚胺是由醛或酮与氨或胺缩合而成的，可分为醛亚胺和酮亚胺。亚胺基是极活泼的基团，可与氢氰酸反应生成 α-氨基酸，可与丙二酸二乙酯反应生成 β-氨基酸，发生还原反应可生成胺，也可与格氏试剂反应生成胺的衍生物，水解可生成醛或酮和胺。席夫碱的通式如图 4-3 所示。

多年的研究发现，含—C═N—基团的 Schiff 碱具有良好的生物活性、载氧活性、催化活性等，使其配合物具有更强的脂溶性和细胞穿透性。因此，席夫碱类化合物及金属配合物在药学、催化、分析化学以及光电功能材料领域都有着重要应用。在医学领域，席夫碱具有抑菌、杀菌、抗肿瘤、抗病毒的生物活性；在催化领域，席夫碱的钴和镍配合物已经被作为催化剂使用；在分析化学领域，席夫碱作为良好的配体，可以用来鉴别金属离子和定量分析金属离子的含量；在光电功能材料领域，某些含有特征基团的席夫碱也都具有独特的荧光特性等。其广泛的应用主要源自它们所含基团的功能性、可能发生的反应、中心离子的作用、成键以及电子效应等因素。

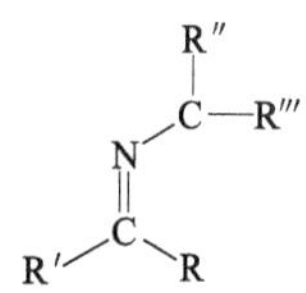

图 4-3 席夫碱通式

2. 反应原理

Schiff 碱的合成是涉及加成、重排、消去等过程的缩合反应。含羰基的醛酮类化合物与一级胺类化合物进行亲核加成反应，亲核试剂为胺类化合物，其化合物结构中带有孤电子对的氮原子进攻羰基上带有正电荷的碳原子，完成亲核加成反应，形成中间物 α-羟基胺类化合物，然后进一步脱水形成席夫碱。具体反应机理如图 4-4 所示。

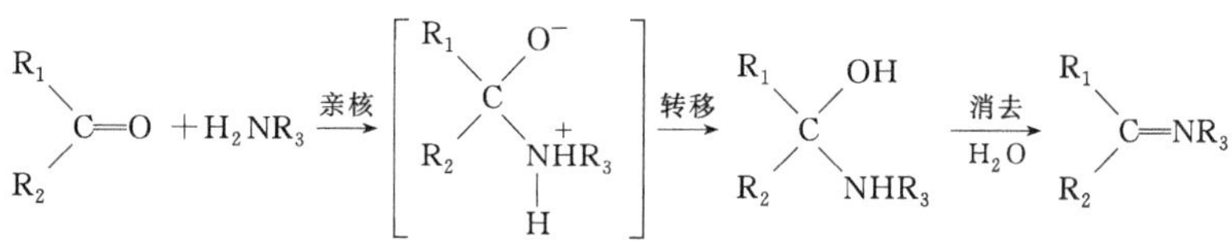

图 4-4 Schiff 碱的合成机理

本实验采用水杨醛和氨基硫脲在乙醇溶剂中、78℃回流条件下制备水杨醛缩氨基硫脲Schiff碱配体及相应的铜、镉配合物。本实验反应过程如图4-5所示。

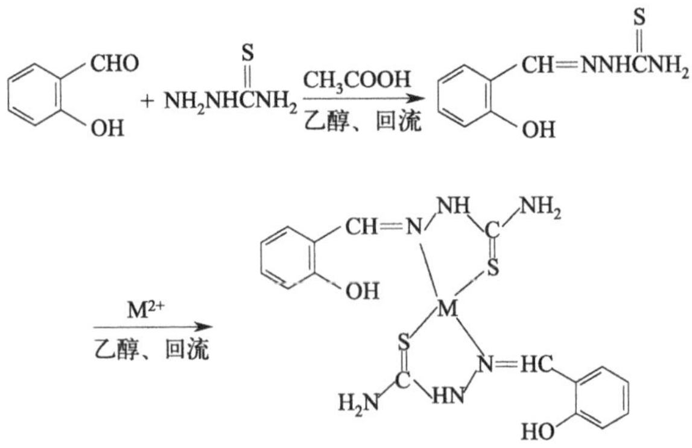

图4-5 本实验反应过程

3. 电子吸收光谱

分子的化学性质主要取决于分子中价电子的特性。实际上，分子的其他性质，如光学性质、电磁性质等，都与分子中外层电子的分布状态密切相关。有机化合物的电子吸收光谱是由分子中价电子的跃迁所形成的。电子吸收光谱直接反映价电子的运动特性，而化合物的颜色也与光的吸收有直接的关系。通常，分子中含有某种基团，在光谱上就会呈现出标志性的特征吸收。因此，电子吸收光谱的研究对阐述分子的结构以及结构与性能的关系有重要意义。

分子通常是处于基态的，当紫外光通过样品分子且能量（$E=h\upsilon$）恰等于基态与高能态的差值（E_1-E_0），则紫外光的能量就有可能转移给分子，使电子从E_0跃迁到E_1，此时产生的吸收光谱叫紫外吸收光谱。

由紫外吸收引起的电子跃迁有四种类型，且电子跃迁的类型不同，实现跃迁所需的能量是不同的，跃迁能量（ΔE）越大，则吸收光的波长（λ_{max}）越短，其顺序如下：$\sigma \rightarrow \sigma^* > n \rightarrow \sigma^* > \pi \rightarrow \pi^* > n \rightarrow \pi^*$。

改变溶剂的极性能使吸收峰的最大吸收波长（λ_{max}）发生改变。通常，极性溶剂使$n \rightarrow \pi^*$吸收带（R带）向短波长方向移动（蓝移），而使$\pi \rightarrow \pi^*$吸收带（K带）向长波方向移动（红移）。R带、K带的这种差异在有机化合物的鉴定中发挥着重要作用。

三、仪器与药品

1. 仪器

回流装置一套（温控电加热套一个、14口球形回流冷凝管2支、14口50 mL圆底烧瓶2只、橡皮管2根），布氏漏斗，真空循环水泵，干燥箱，镍勺若干，滤纸，称量纸，电子天平，100 mL烧杯2只，熔点仪，紫外-可见分光光度计，50 mL烧杯4只，搅拌子2个，容量瓶（100 mL、50 mL）若干，10 mL容量瓶40只。

2. 药品

$CuCl_2 \cdot 2H_2O$，$Cd(NO_3)_2 \cdot 4H_2O$，$Zn(NO_3)_2 \cdot 6H_2O$，乙酸，水杨醛，氨基硫脲，蒸馏水，无水乙醇，二甲基甲酰胺（DMF），乙腈。

四、实验内容

1. Schiff 碱配体的合成

① 用 100 mL 烧杯量取 50 mL 乙醇备用（供反应和洗涤用）。

② 准确称取 10 mmol 氨基硫脲，加入 50 mL 圆底烧瓶（提前放入搅拌子）中，加入 25 mL 无水乙醇，磁力搅拌。

③ 准确称取 10 mmol 水杨醛（对硝基苯甲醛），加入以上溶液中，再滴入 3～5 滴乙酸催化剂，加回流冷凝管。

④ 升温到 78 ℃，并恒温反应 3 h。

⑤ 反应结束后，取出、冷却，用布氏漏斗抽滤，依次用乙醇、蒸馏水、乙醇洗涤（少量多次），置于 60 ℃干燥箱中干燥 1 h，得产品，称重。

2. 锌配合物的合成

① 用 100 mL 烧杯量取 40 mL 乙醇备用（供反应和洗涤用）。

② 准确称取 3 mmol 前期合成的 Schiff 碱配体，加入 50 mL 圆底烧瓶（提前放入搅拌子）中，加入 20 mL 无水乙醇，磁力搅拌。

③ 准确称取 1.5 mmol $Zn(NO_3)_2 \cdot 6H_2O$，加入以上溶液中，加回流冷凝管。

④ 升温到 78 ℃，并恒温反应 2 h。

⑤ 反应结束后，取出、冷却，用布氏漏斗抽滤，依次用乙醇、蒸馏水、乙醇洗涤（少量多次），置于 60 ℃干燥箱中干燥 1 h，得产品，称重。

3. 铜配合物的合成

① 用 100 mL 烧杯量取 40 mL 乙醇备用（供反应和洗涤用）。

② 准确称取 3 mmol 前期合成的 Schiff 碱配体，加入 50 mL 圆底烧瓶（提前放入搅拌子）中，加入 20 mL 无水乙醇，磁力搅拌。

③ 准确称取 1.5 mmol $CuCl_2 \cdot 2H_2O$，加入以上溶液中，加回流冷凝管。

④ 升温到 78 ℃，并恒温反应 2 h。

⑤ 反应结束后，取出、冷却，用布氏漏斗抽滤，依次用乙醇、蒸馏水、乙醇洗涤（少量多次），置于 60 ℃干燥箱中干燥 1 h，得产品，称重。

4. 镉配合物的合成

① 用 100 mL 烧杯量取 40 mL 乙醇备用（供反应和洗涤用）。

② 准确称取 3 mmol 前期合成的 Schiff 碱配体，加入 50 mL 圆底烧瓶（提前放入搅拌子）中，加入 20 mL 无水乙醇，磁力搅拌。

③ 准确称取 1.5 mmol $Cd(NO_3)_2 \cdot 4H_2O$，加入以上溶液中，加上回流冷凝管。

④ 升温到 78 ℃，并恒温反应 2 h。

⑤ 反应结束后，取出、冷却，用布氏漏斗抽滤，依次用乙醇、蒸馏水、乙醇洗涤（少量多次），置于 60 ℃干燥箱中干燥 1 h，得产品，称重。

5. Schiff 碱配体及配合物熔点的测定

① 提前熟悉熔点仪的使用。

② 仔细观察，记录现象。

6. 紫外电子吸收性质检测

(1) 配制母液 (5×10^{-3} mol/L)

准确称取所合成的配体和系列配合物，加入 10 mL 容量瓶中，再加入 DMF 溶剂，定容到刻度线，此时浓度为 5×10^{-3} mol/L，待用。

(2) DMF 作稀释剂

将配制好的母液分两次稀释到 5×10^{-5} mol/L，待检测。具体操作为：取母液 1 mL，加入 10 mL 容量瓶中，加入 DMF，定容到刻度线；再取稀释后的溶液 1 mL，加入 10 mL 容量瓶中加入 DMF，定容到刻度线；此时溶液浓度即为 5×10^{-5} mol/L，待检测。

(3) 乙腈作稀释剂

将配制好的母液分两次稀释到 5×10^{-5} mol/L，待检测。具体操作为：取母液 1 mL，加入 10 mL 容量瓶中，加入乙腈，定容到刻度线；再取稀释后的溶液 1 mL，加入 10mL 容量瓶中，加入乙腈，定容到刻度线；此时溶液浓度即为 5×10^{-5} mol/L，待检测。

(4) 检测所有溶液的电子吸收光谱

在紫外-可见分光光度计上检测所配制溶液的电子吸收性质，并记录数据。

五、数据记录与处理

1. 认真记录实验操作过程中出现的现象。
2. 计算理论产量，并与实际产量对比，收率为多少？
3. 记录熔点（或熔程）数据。
4. 熟悉紫外-可见分光光度计的操作，记录电子吸收光谱数据，进行比较分析。讨论同一种溶剂，配体和配合物的峰位归属、区别，以及不同溶剂对同一种化合物电子吸收光谱的影响。

六、思考题

1. 如何重结晶配体和配合物？
2. 物质熔点的影响因素有哪些？
3. 配体和配合物的电子吸收光谱有何不同？
4. 溶剂对电子吸收光谱是否有影响，为什么？
5. 查找资料，阅读思考 1～2 篇关于 Schiff 碱合成的文献。

参考文献

刘宏民．实用有机光谱解析［M］．郑州：郑州大学出版社，2008.

实验二十八 基于 N′-(4-甲氧基苯基)-N-(喹啉-8-基)苯并咪唑的锌配合物的合成

一、实验目的

1. 学习脒类化合物、金属锌配合物的制备原理与方法。
2. 了解烷基锌配合物的性质。
3. 掌握无水无氧操作方法。

二、实验原理

以石油为原料合成的高分子材料包括聚乙烯（PE）、聚丙烯（PP）、聚氯乙烯（PVC）、聚苯乙烯（PS）以及它们的共聚物。这些材料对人类社会的发展起到了巨大的推动作用，主要有三方面优点。第一，相对于金属和有机玻璃而言，比较轻。第二，易于加工，具有可塑性，可在加热或加压后变形，在降温或压力消失后又可维持原形不变。可以通过挤出、注射等方式加工成不同形状的产品。第三，不会腐烂也不会生锈。正是上述优点使这些材料在服装、包装、汽车制造、管道等领域得到广泛应用，在很多方面甚至取代了钢材。随着时代的进步，可持续发展成为人类的呼声。石油这一不可再生能源终将耗尽，且以石油为原料合成的材料难以降解，回收利用困难，给人类赖以生存的大自然带来巨大灾难。因此，合成型生物可降解高分子材料成为解决这一问题的有效途径。

合成型生物可降解高分子材料除了具备天然生物可降解高分子材料良好的生物相容性外，还可以通过设计分子结构，得到不同性能的生物可降解高分子材料。它广泛用于食品包装、药物载体、基因输送载体、医疗器械等领域，目前研究比较多的是脂肪族聚酯。

环酯单体的开环聚合可以分为酶催化开环聚合、有机小分子催化开环聚合和金属催化开环聚合。由于金属催化剂能够很好地控制聚合物的分子量，得到的聚合物分子量分布窄，而且有些金属催化剂能够非常有效地控制聚合物的立体结构，因此，许多科研工作者都致力于设计新型金属催化剂，以获得各种性能的聚合物。

脒及其衍生物是一类含有 N—C═N 结构的氮羧酸类衍生物，在天然产物和药物中广泛存在，在医药、农药、有机合成反应等方面有着广泛的应用。同时，脒类化合物也是很好的配体，能与多种金属配位，通过改变脒基上的基团，可以有效调节配合物的空间位阻和电子性质。Zn 具有价格便宜、无毒和生物相容性好等特点，是生命体的重要元素。近年来，许多 Zn 金属络合物被合成出来，能有效催化环酯开环聚合。

本实验采用酰胺法合成脒类化合物。酰胺方便易得，但作为一类相对较稳定的化合物，其中的氮原子会将孤对电子给予 C—N 键，从而导致氮原子的亲核性和羰基的亲电性都有所降低，因此在参与反应时需要激活酰胺。例如，PCl_3、PCl_5、$SOCl_2$、P_2O_5、$POCl_3$ 等缩合剂都可以用于激活酰胺。

图 4-6 为锌配合物 B 的合成路线。酰氯与胺反应得到酰胺，酰胺与二氯亚砜在回流条件下可得到氯代亚胺，氯代亚胺与胺反应得到脒类化合物 A。化合物 A 与乙基锌需在无水无

氧条件下反应得到乙基锌络合物 B，在氮气氛围下保存备用。

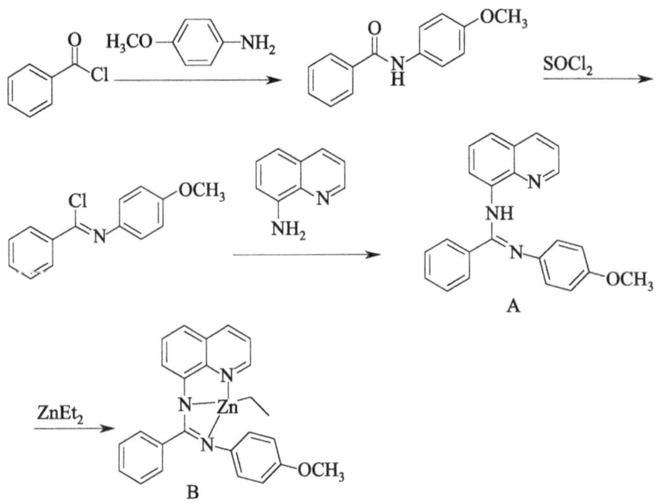

图 4-6 锌配合物 B 的合成路线

三、仪器与药品

1. 仪器

圆底烧瓶，锥形瓶，蒸馏头，直形冷凝管，球形冷凝管，尾接管，加热搅拌器，史莱克瓶，布氏漏斗，三角漏斗，旋转蒸发仪，电子天平，Bruker av400 核磁共振波谱仪。

2. 药品

苯甲酰氯，对甲氧基苯胺，三乙胺，二氯亚砜，8-氨基喹啉，乙基锌（1.5 mol/L 的甲苯溶液），甲苯，乙酸乙酯，正己烷，无水级甲苯，无水乙醚，石油醚，无水硫酸镁。

四、实验内容

1. N-(4-甲氧基苯基)苯甲酰胺的合成

将一定量的对甲氧基苯胺溶在乙酸乙酯中，加入 1.2 当量的三乙胺。在剧烈搅拌下缓慢滴加 1 当量的苯甲酰氯并用冰水浴冷却，滴加完成后继续搅拌 4 h。抽滤，用乙酸乙酯洗涤白色固体，合并滤液并水洗，用无水 $MgSO_4$ 干燥后旋蒸，并用乙酸乙酯和石油醚重结晶得到白色固体。

2. N-(4-甲氧基苯基)苯亚氨基氯的合成

将 *N*-(4-甲氧基苯基)苯甲酰胺与新蒸的 $SOCl_2$ 回流 4 h，$SOCl_2$ 的量为 *N*-(4-甲氧基苯基)苯甲酰胺的 4～5 倍。反应完成后蒸去过量的 $SOCl_2$，加入适量的正己烷，加热溶解，趁热过滤，浓缩滤液，并用正己烷重结晶，得到黄色产物。

3. N′-(4-甲氧基苯基)-N-(喹啉-8-基)苯并咪唑（A）的合成

将 8-氨基喹啉和 1 当量的 *N*-(4-甲氧基苯基)苯亚氨基氯溶解在甲苯中，加热到 110 ℃，搅拌 12 h后冷却至室温，用旋转蒸发仪蒸干溶剂，再用无水乙醚重结晶，得到黄色固体 A。

4. 锌配合物（B）的合成

在高纯 N_2 真空线下，将一定量无水级甲苯加入化合物 A 中。在液氮丙酮浴下，将 1.2 当量的 $ZnEt_2$ 慢慢滴加到该溶液中，搅拌，过夜，有黄色固体析出，加热至 90 ℃，搅拌 3 h 后固体不溶解，冷却至室温，过滤，得到黄色粉末。

五、注意事项

1. 二氯亚砜有强烈的刺激性气味，使用时应小心操作，做好防护措施。
2. $ZnEt_2$ 应过量，且慢慢滴加到化合物 A 中。

六、思考题

1. 为什么 $ZnEt_2$ 要过量，且慢慢滴加到化合物 A 中?
2. 计算每步合成的产率。

参考文献

［1］ Wu J，Yu T L，Chen C T，et al. Recent developments in main group metal complexes catalyzed/initiated polymerization of lactides and related cyclic esters ［J］. Coordination Chemistry Reviews，2006，250：602-626.

［2］ Lin J P，Zhang F H，Long Y Q. Solvent/oxidant-switchable synthesis of multisubstituted quinazolines and benzimidazoles via metal-free selective oxidative annulation of arylamidines ［J］. Organic Letters，2014，16：2822-2825.

［3］ Ueda S，Nagasawa H. Copper-catalyzed synthesis of benzoxazoles via a regioselective C-H functionalization/C-O bond formation under an air atmosphere ［J］. The Journal of Organic Chemistry，2009，74：4272-4277.

［4］ Katritzky A R，Tomás A T. Pyrazolo ［1，5-c］ pyrimidines from pyrylium salts and amidrazones and pyridine imidoyl-N-imides from ilmidoyl chlorides ［J］. Heterocycles，1982，18：21-28.

实验二十九 Ce-MOFs 金属有机骨架材料的制备和催化性能测试

一、实验目的

1. 了解金属有机骨架材料的性能和应用。
2. 掌握 Ce-MOFs 的制备和性能表征方法。
3. 了解化学法降解水污染物的原理。

二、实验原理

水是生命之源，是人类赖以生存和发展的必不可少的资源。污水中的重金属、无机污染物、有机污染物和许多其他复杂化合物排放到环境中，会严重威胁到人类的健康和生态环境的安全。开发高效绿色的水污染处理技术以净化水体、去除污染物，不仅能帮助解决水资源日益短缺的问题，而且有益于缓解水质污染所造成的环境问题和人类健康问题。化学法水污染处理技术主要是通过氧化作用或分子间的相互作用，降解污染物分子形成无毒小分子或大分子的处理方法，处理污染物的针对性强、见效快，且应用范围广。

金属有机骨架材料（metal organic framworks，MOFs）是一种以金属离子为连接点，以多功能的有机配体为支撑构成的三维网络结构的晶体材料。金属阳离子既作为结点提供骨架的中枢，又可以连接有机配体使骨架得到延伸形成多维结构。美国密歇根大学 Yaghi 课题组首次选用 Cu(Ⅱ) 和 Zn(Ⅱ) 离子与多元羧酸反应，生成了结构不同的配位聚合物，并将这类多孔配位聚合物第一次正式命名为 MOFs。MOFs 材料具有比表面积大、孔隙率高、孔道均一且可调、结构多样以及具有配位不饱和的金属中心等特点。这些特点可使催化材料摆脱均相催化反应中产物与催化剂难以分离的困扰，又具备均相催化剂的高分散性和高活性，克服了多相反应中催化材料与底物有效碰撞效率低下而导致转化率不高的问题。

1. 比表面积大

MOFs 材料表面的多孔结构使其具有超大的比表面积，Yaghi 等在 *Nature* 期刊上报道了以 $Zn(NO_3)_2 \cdot 6H_2O$ 为金属源，以对苯二甲酸为有机配体，通过自组装的方法制备了 MOF-5 材料，该材料的比表面积高达 3000 cm^2/g。随后，他们通过拓展有机配体的长度，合成了具有超大比表面积的 MOF-177 材料，其比表面积高达 4500 cm^2/g。

2. 孔隙率高、孔道均一且可调

由于 MOFs 材料是由金属离子和有机配体通过配位键自组装形成的具有网络结构的材料，其结构类似于建筑中的脚手架，因此不必考虑孔壁厚度的问题。而传统的多孔材料，其孔壁具有一定厚度，所以，MOFs 材料比传统的多孔材料具有高的孔隙率。此外，有机配体构成了 MOFs 材料均一的孔道结构，且可根据需要选择不同长度或者不同配位数的有机配体，从而得到具有不同孔径大小的 MOFs 材料。

3. 结构多样

组成 MOFs 材料的金属离子和有机配体的多样性决定了 MOFs 材料结构的多样性，不同的金属离子具有不同的氧化态和几何构型，形成的次级结构单元也不同。此外，有机配体种类丰富，一个有机配体可能会有两个或多个羧酸官能团，或者含有多个不同官能团，且有机配体与金属离子的配位方式复杂多变，从而为 MOFs 结构的多样性提供了基础。可通过调变金属源、有机配体以及合成条件（反应温度、时间、溶剂种类）等，得到不同形貌、结构的 MOFs 材料。

4. 具有不饱和金属位点

MOFs 材料在合成过程中，金属离子与有机配体发生配位作用，而有机配体的体积通常较大，因此，由于有机配体空间位阻效应的影响，金属离子通常还会和溶剂小分子，如甲醇、DMF、H_2O、CH_3OH 等，发生结合达到配位饱和。同时，部分溶剂小分子还能够通过较弱的作用力与有机配体分子相结合。在对 MOFs 材料进行真空加热再处理后，溶剂小分子客体将从 MOFs 孔道中脱附出来，MOFs 材料结构中的金属离子就呈现出不饱和配位状态。因此，MOFs 材料就具有了路易斯酸或路易斯碱的催化活性，从而具有更优越的催化性能。

如图 4-7 所示，MOFs 纳米材料作为非均相催化材料主要可分为以下几种：①MOFs 中的配位不饱和的金属活性中心，可以作为催化活性中心；②MOFs 结构中具有催化活性的有机配体，或通过合成后修饰引入活性中心的有机配体作为催化活性中心；③MOFs 材料作为载体，负载具有催化活性的纳米颗粒作为催化材料。

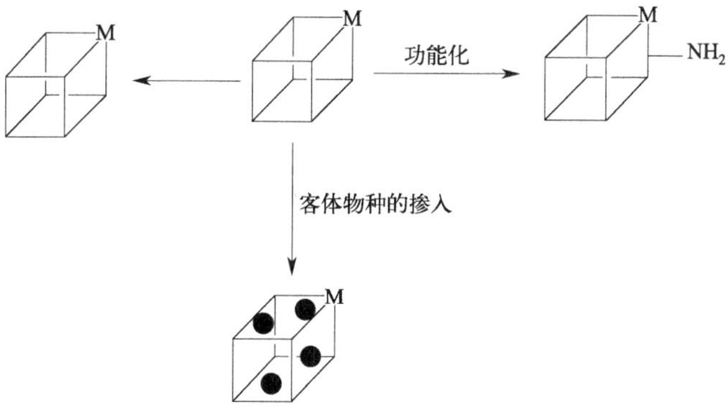

图 4-7　MOFs 材料作为非均相催化材料的三种类型

铈元素（Ce）是镧系稀土元素中自然丰度最高的一种，Ce^{3+}/Ce^{4+} 构成氧化还原对，具有很高的氧储存能力。Ce-MOFs 中 Ce 原子的存在有利于金属和配体进行电荷转移，从而对分离光生电荷产生促进作用，提高催化性能，使得 Ce-MOFs 具有较高的有机污染物降解性能。

本实验以 $Ce(NO_3)_3 \cdot 6H_2O$ 为铈源，对苯二甲酸为有机配体，N,N-二甲基甲酰胺和水为溶剂，采用溶液浸渍法制备得到 Ce-MOFs 纳米材料。将得到的产品采用 X-射线粉末衍射技术进行物相鉴定。利用可见光下甲基橙的降解率来评价 Ce-MOFs 的催化活性。

三、仪器与药品

1. 仪器

X 射线粉末衍射仪（XRD），光催化降解装置，油浴集热式磁力搅拌装置（50 mL 厚壁耐压瓶 1 个，磁子 1 个)，干燥箱，250 mL 小烧杯 1 个，10 mL 离心管若干。

2. 药品

$Ce(NO_3)_3 \cdot 6H_2O$，对苯二甲酸（H_2BDC），DMF，去离子水，甲基橙，乙醇。

四、实验内容

1. 样品的制备

① 称取 4 mmol H_2BDC，溶于 15 mL DMF，放入 50 mL 厚壁耐压瓶中，磁力搅拌使其溶解；

② 称取 2 mmol Ce（NO_3）$_3 \cdot 6H_2O$，放入 10 mL 离心管中，加入 2 mL 去离子水溶解，将所得溶液加入厚壁耐压瓶的溶液中；

③ 升温到 100 ℃，并恒温反应 2 h；

④ 反应结束后，冷却反应溶液，依次加入 DMF、乙醇各洗涤 3 次，过滤，在 60 ℃干燥箱中干燥 1 h，获得产品备用。

2. 样品的表征

① 样品的物相检测：将获得的产品进行 XRD 测试。XRD 扫描范围：$2\theta=10°\sim80°$。

② 样品的形貌观察（TEM、SEM）：将样品用超声清洗机超声分散到无水乙醇中，形成比较稳定的悬浮液。然后将悬浮液滴到涂有非晶碳膜的铜网上（TEM）和硅片上(SEM)，空气中搁置几分钟，待溶剂挥发完全后备用。

3. 光催化降解实验

① 取一个 250 mL 烧杯，加入 200 mL 50 mg/L 的甲基橙溶液，采用水浴加热到 30 ℃，使用 0.5 mol/L H_2SO_4 溶液调节 pH=3 后，使用一次性滴管提取 4 mL 溶液；

② 向烧杯中加入 17.6 mmol/L H_2O_2 后，尽快加入 40 mg/L Ce-MOFs 催化剂并开始计时，搅拌的情况下暗吸附 30 min，直至达到吸附-脱附平衡；

③ 保持水浴中恒温反应 1 h，其间前 30 min 每间隔 5 min 提取 4 mL 溶液，后 30 min 每间隔 10 min 提取 4 mL 溶液，每次提取溶液后搅拌并观察记录水体的颜色变化；

④ 将溶液离心处理，取上清液待测，直至褪色不再取样；

⑤ 在紫外-可见分光光度计上测试其吸光度值 A，重复操作，直至溶液褪色。

待测溶液中甲基橙浓度的计算：

$$c_t=(A_t/A_0)c_0 \tag{4-3}$$

甲基橙降解率的计算：

$$降解率=\frac{c_0-c_t}{c_0}\times100\% \tag{4-4}$$

⑥ 同样的条件下，做空白（不加催化剂）对比实验。

五、数据记录与处理

1. 认真记录实验操作过程中出现的现象。

2. 做出催化降解甲基橙的降解率随降解时间 t 的变化关系曲线图。

六、思考题

1. 如何控制金属有机骨架材料的结构和形貌？
2. 查阅相关文献，给出 1～2 种制备 Ce-MOFs 纳米材料的其他方法。

参考文献

［1］ 李健，高沛峻．污水处理技术［M］．北京：中国建筑工业出版社，2005.
［2］ 葛金龙．金属有机骨架材料制备及其应用［M］．合肥：中国科学技术大学出版社，2019.
［3］ 仝小兰，辛建华．杂环金属-有机骨架材料［M］．北京：化学工业出版社，2019.
［4］ 仲崇立．金属-有机骨架材料的构效关系及设计［M］．北京：科学出版社，2015.

第五章

理论计算化学

实验三十 分子内环加成反应产物选择性的第一性原理理论研究

一、实验目的

1. 熟悉第一性原理的理论和研究方法。
2. 掌握分子模拟软件 Materials Studio 的安装、建模和使用方法。
3. 掌握分子内环加成反应产物选择性的理论表征手段。

二、实验原理

作为一门传统的学科，化学研究主要依靠实验，因此一直以来被看作纯实验的科学。而在 20 世纪中后期，化学家运用量子力学的理论处理化学问题，借助计算机能力的快速提高，理论与计算化学迅速形成。

理论与计算化学以原子、分子的微观结构模型为基础，在量子力学的三大近似条件下，利用量子力学原理和必要的数学处理方法，求解分子体系的薛定谔方程，从而描述和计算原子、分子的几何和电子结构特性，包括电荷分布、分子能级、分子轨道及分子能量等性质。其中，电子密度泛函理论是目前计算化学中应用最广泛的方法。密度泛函理论的基本概念起源于 Thomas-Fermi 提出的均匀电子气模型。而 1964 年，HK 定理的提出奠定了密度泛函理论基础，使电子密度泛函理论得到真正应用。HK 定理指出体系的外势只由电子密度决定。在 HK 定理的指导下，自洽求解 KS 方程，实现了密度泛函理论对分子体系的求解过程。

基于密度泛函理论的计算软件包非常广泛，这些软件极大地扩展了量子化学的使用范围，丰富了化学学科的研究内容。其中，Materials Studio 软件是目前使用非常广泛的分子模拟软件，是 Accelrys 公司开发的全尺度模拟软件平台，拥有优异的操作界面，可快捷实现模型搭建、参数设置及结果的可视化，拥有多个功能模块，可以实现从电子结构解析到宏观性能预测的全尺度科学研究。其中，$DMol^3$ 模块采用原子轨道线性组合的方法描述体系的电子状态，利用数值局域函数描述原子轨道，兼顾计算精度和效率，可以用来预测材料的电子学、光学和电学性能，还可以研究气相、溶液和表面的化学反应，在化学反应机理的探讨及催化剂的设计方面有着广泛应用。

分子内环加成反应往往具有区域选择性，根据加成位点的不同，获得的产物几何结构及电子结构、性质都有着显著的差异。其中，N-烯基硝酮分子的内环加成反应是非常典型的反应。实验的研究结果表明，此反应的加成过程中存在着氧桥和碳桥两种反应产物，可以形成新的杂环化合物。对其反应机理进行理论研究与表征，可预测反应产物，有助于合成路线的设计。本实验将以 N-3-丁烯基硝酮的分子内环加成反应为研究对象，基于 Materials Studio 软件中的 $DMol^3$ 模块，采用杂化密度泛函的理论方法，结合过渡态理论和化学热力学的方法对其反应机理进行理论研究。通过对反应物和产物的几何构型优化及活性构象研究，利用过渡态理论，推测出过渡态的结构，并计算反应的活化熵和活化焓，从而利用速率常数的计算公式，求得平行反应的速率常数之比来确定内环加成反应的选择性，并预测产物是否具有区域专一性。

三、计算软件及方法

1. 计算软件

本实验所采用的计算软件为 Accelrys 公司开发的 Materials Studio（图 5-1），利用其 $DMol^3$ 模块中的杂化密度泛函理论 B3LYP 的方法（包含一定比例的精确 Hartree-Fock 交换能和局域密度近似的交换关联泛函），并借助 LST/QST 的理论方法搜寻两个平行反应的过渡态。

2. 计算模型及方法

N-3-丁烯基硝酮是柔性分子，丁烯基呈现接近产物的弯曲构象。氧桥和碳桥产物则是由 N—C 单键的等概率自由旋转所致。因此可以设计 a、b 两个平行反应，由各自的活性构象经过渡态达到相应的产物。模型示意图如图 5-2 所示。

图 5-1 Materials Studio 软件示意图

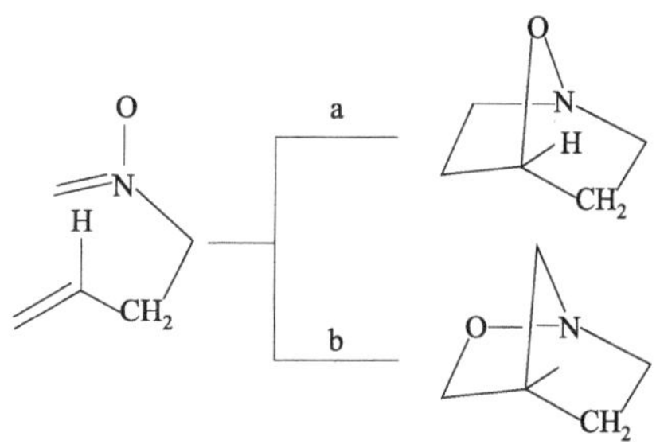

图 5-2 分子内环加成反应产物选择性的模型示意图

根据阿伦尼乌斯方程可知，化学反应的速率常数与活化焓、活化熵的关系可表示为

$$k=\frac{k_{B}T}{h}e^{\Delta S^{\ominus}/R}\cdot e^{-\Delta H^{\ominus}/RT} \tag{5-1}$$

式中，$\Delta H^{\ominus}$ 和 $\Delta S^{\ominus}$ 分别为反应的活化焓和活化熵；k 为速率常数；k_B 为玻尔兹曼常数；T 为温度；h 为普朗克常量；R 为摩尔气体常数。

而在化学反应动力学中，已知对于含有两个平行反应的复杂反应而言，每个反应的产率比就等于其速率常数的比值，因此

$$k_{a}/k_{b}=e^{(\Delta S_{a}^{\ominus}-\Delta S_{b}^{\ominus})/R}e^{(\Delta H_{b}^{\ominus}-\Delta H_{a}^{\ominus})/RT} \tag{5-2}$$

式中，

$$\Delta S_{a}^{\ominus}=S(TS_{a})-SR_{a},\Delta S_{b}^{\ominus}=S(TS_{b})-SR_{b} \tag{5-3}$$

$$\Delta H_a^{\ominus}=H(TS_a)-HR_a,\Delta H_b^{\ominus}=H(TS_b)-HR_b \tag{5-4}$$

其中 a 和 b 代表两种不同加成反应路径；R_a、R_b 对应反应路径 a 和 b 的反应物；TS_a 和 TS_b 是反应路径 a 和 b 的过渡态。根据结果，可计算出 298.15 K 下的速率常数比。

四、实验内容

① 在 Materials Studio 软件中，通过 Visualizer 中新建反应物和产物的 Project。

② 根据计算模型中的反应路径，确定氧桥 P_a 和碳桥 P_b 产物的几何构型，并在 Visualizer 中的 Project 里进行结构绘制。

③ 利用杂化密度泛函理论的研究方法，采用双 Zeta 基组（DNP）对两种产物 P_a 和 P_b 进行几何结构的优化；在优化后的稳定结构基础上进行单点能计算，分析两种产物的电子结构特性，包括分子能级排布、分子轨道的空间分布及 Mulliken 电荷布局，并同时进行振动频率分析，计算两种产物的热力学参数特性。

④ 对比两个平行反应的产物 P_a 和 P_b 的基态稳定构型，设计硝酮基的取向和丁烯基的弯曲模式，提示反应物 R_a 和 R_b 的不同构象形状，利用 Visualizer 进行反应物结构绘制，并进行几何结构、电子结构及振动频率的理论计算与模拟，确定反应物分子的振动模式及热力学参数值。软件内的参数设置如图 5-3 所示。

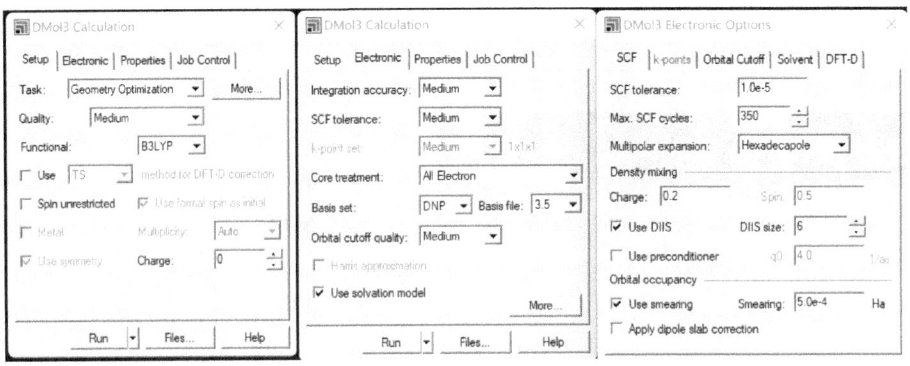

图 5-3 分子模拟软件 Materials Studio 参数设置

⑤ 在 Materials Studio 可视化软件中，对两个平行反应的反应物和产物构型进行匹配，基于杂化密度泛函理论的研究方法，利用 LST/QST 的过渡态理论进行两个平行反应过渡态的搜索（图 5-4），确定两个过渡态 TS_a 和 TS_b 的几何结构，并进行单点能及振动模式分析。

⑥ 在各驻点振动模式分析的输出作业中，分别查找两个平行反应的反应物、过渡态及产物的热力学参数，主要有焓（H）、熵（S）、吉布斯自由能（G）和等压热容（C_p）等。

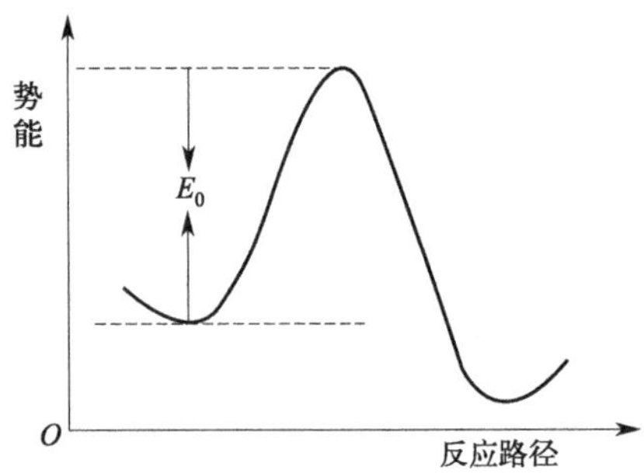

图 5-4 平行反应势能剖面图

五、数据记录与处理

1. 记录优化后的反应物、过渡态及产物的几何参数，包括几何结构、特殊化学键的键长和键角，尤其是氧位和桥位上化学键的性质。

2. 记录反应物、过渡态及产物的电子结构特性，包括分子能级、分子轨道空间分布、电荷布局及电子密度分布。

3. 分析两个过渡态振动模式，通过寻找虚频的个数及频率值判断过渡态结构的准确性，以及分析反应路径和反应机理。

4. 记录表征反应物、过渡态及产物的热力学参数，包括计算获得的焓、熵、热容及吉布斯自由能。

5. 利用热力学函数关系式，理论表征两个平行反应的活化焓和活化熵，并根据阿伦尼乌斯方程计算两个平行反应的速率常数比值，分析内环加成反应产物的选择性。

六、注意事项

1. 理论计算模型要与实验合成分子的结构相一致。

2. 利用 LST/QST 的过渡态理论进行过渡态寻找，主要考虑反应物和产物分子的几何结构匹配性。

3. 通过理论计算确定寻找到的过渡态是稳定的过渡态结构。

七、思考题

1. 如何利用频率分析判断过渡态？

2. 分子的热力学函数能否通过实验测量？

参考文献

[1] 徐光宪，黎乐民，王德民．量子化学——基本原理和从头计算法［M］．北京：科学出版社，2007.

[2] 胡红智，马思渝．计算化学实验［M］．北京：北京师范大学出版社，2008.

[3] 李震宇，贺伟，杨金龙．密度泛函理论及其数值方法新进展［J］．化学进展，2005，17：192-202.

[4] Becke，Axel D. Density-functional thermochemistry. Ⅲ. The role of exact exchange［J］. Journal of Chemical Physics，1993，98（7）：5648-5652.

[5] Stephens P J，Devlin F J，Chabalowski C F，et al. Ab initio calculation of vibrational absorption and circular dichroism spectra using density functional force fields［J］. Journal of Physical Chemistry，1994，98（1/3）：247-257.

实验三十一 掺杂半导体材料光催化调制机理的理论研究

一、实验目的

1. 熟悉晶体材料科学中半导体材料的物性。
2. 掌握材料模拟软件 Materials Studio 中研究晶体材料性质的方法。
3. 掌握半导体材料光催化性质的微观机理。

二、实验原理

能源是当前经济社会发展过程中极其重要的战略物资基础。石油、煤炭等不可再生资源逐渐消耗，以及由此引发一系列严重的环境污染，因此需要有效地解决这一严重问题，寻找和利用环境友好且可再生的清洁能源是目前的重要挑战。其中，氢能源由于其清洁、高效率的优点，成为人们关注的主要能源之一。氢能源在循环利用过程中，以氢气作为能源载体，有效地利用太阳能制取氢气，并进行存储和利用。因此，如何高效地把太阳能转换为方便存储和使用的氢能源是最关键的科学难题。

光催化制氢是目前氢能源发展的热点。光催化剂在太阳光及其他光源照射下，吸收紫外光或可见光。在这个过程中光催化剂价带中的电子会被激发到导带上，因此在价带上会有空穴出现，产生我们所关注的电子-空穴对。随后，光激发过程中产生的电子和空穴会有效分离，在光催化剂表面发生光催化分解水反应，也就是说，发生氧化还原反应，产生氢气和氧气，该过程如图 5-5 所示。根据这一原理，光催化剂材料的价带和导带必须能够使光生电子-空穴对具有足够的氧化还原电位，从而发生氧化还原反应。

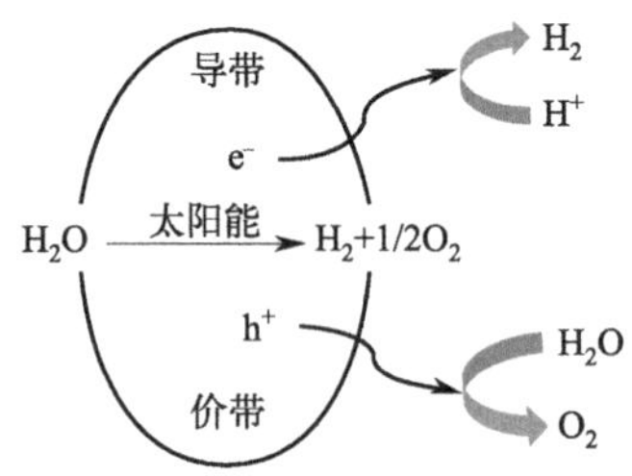

图 5-5 光催化制氢机理示意图

光催化制氢技术自 1972 年日本东京大学 Fujishima A 和 Honda K 首次报道发现 TiO_2 单晶电极光催化分解水产生氢气这一现象以来迅速发展。基于此实验报道，TiO_2 一直被认为是在太阳能利用和环境清洁方面具有一定影响力的光催化剂。TiO_2 是一种无机物，具有无毒、不透明及极佳的光亮度等特点，被认为是现今世界上性能较好的一种白色颜料。作为性能优异的光催化剂，TiO_2 具有较强的催化活性、很高的化学稳定性，且光生载流子的寿命较长。其晶体结构表现出合适的禁带宽度，可以被紫外光激发，具有较强的氧化还原能力。这些优点使其成为光催化剂领域的首选材料。

三、计算软件及方法

1. 计算软件

本实验为基于第一性原理方法的理论模拟，所需实验仪器为 Accelrys 公司开发的材料模拟软件 Materials Studio 和计算用微机设备。

2. 计算方法

本实验采用 $DMol^3$ 模块，交换关联泛函则选用广义梯度近似方法（GGA-PBE）。$DMol^3$ 模块采用数值函数描述原子轨道，可预测材料的电子学、光学、热力学性能、化学反应机理及模拟催化剂的设计。

3. 计算模型

钙钛矿 TiO_2 晶体材料（图 5-6）。

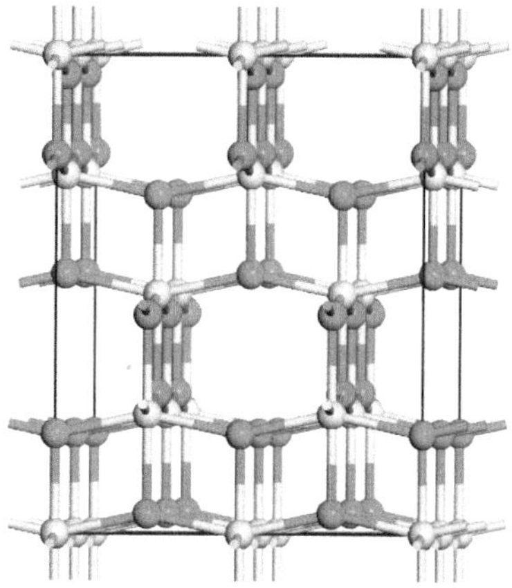

图 5-6 钙钛矿 TiO_2 晶体结构示意图

四、实验内容

1. 晶体模型构建

在 Materials Studio 软件中，利用 Build-Crystal 工具栏，选择合适的空间群和晶格常数，构建钙钛矿 TiO_2 的晶体结构。

2. 晶体模型计算

结构优化：选取交换关联泛函 GGA-PBE 方法，对晶体结构进行全自洽优化，包括晶格常数与能量的对应关系，寻找能量最低的晶格常数。

性质计算：对优化后的稳定晶体模型进行高精度的电子结构性质计算，包括能带、态密度及光学吸收谱等。

3. 钙钛矿 TiO_2 晶体的掺杂研究

掺杂浓度：选取合适的超单胞，包括 2×2×1 及 3×3×1 的单胞构建超原胞，利用金属原子如 Sc 取代 Ti 原子，非金属原子如 P 取代 O 原子，进行钙钛矿 TiO_2 晶体的掺杂。

结构优化：对掺杂后的钙钛矿 TiO_2 晶体进行全自洽结构优化。

稳定性计算：对掺杂后的钙钛矿 TiO_2 晶体进行形成能计算，确认掺杂后晶体结构的稳定性。

性质计算：对掺杂后的钙钛矿 TiO_2 晶体进行电子结构的计算，包括能带、态密度、电子云密度及光学吸收谱等。

五、数据记录与处理

1. 记录钙钛矿 TiO_2 晶体的几何结构，包括晶格参数、Ti—O 键长及 O—Ti—O 键角。
2. 记录钙钛矿 TiO_2 晶体的电子结构，包括电荷布局、能带结构、分/总态密度。
3. 记录掺杂后钙钛矿 TiO_2 晶体的几何结构，包括掺杂后晶体结构的几何形变，掺杂原子与 Ti/O 的键长、键角。
4. 记录掺杂后钙钛矿 TiO_2 晶体的电子结构，包括形成能、能带结构、分/总态密度、能带关系的匹配、价带和导带的电子云分布及来源等。
5. 根据能带的匹配关系及光学性质谱，揭示掺杂对钙钛矿 TiO_2 晶体光催化性质调制的微观机理。

六、注意事项

1. 理论计算模型要与实验合成材料的结构相一致。

2. 金属/非金属原子对钙钛矿 TiO_2 晶体进行掺杂时，注意原子与被掺杂原子之间的对应关系。

七、思考题

1. 如何判断掺杂原子对应的位置?
2. 如何利用第一性原理计算方法解释实验合成半导体材料的微观机理?

参考文献

[1] 徐光宪，黎乐民，王德民．量子化学——基本原理和从头计算法［M］．北京：科学出版社，2007.

[2] Niu M，Cheng D，Cao D. Enhanced photoelectrochemical performance of anatase TiO_2 by metal-assisted S-O coupling for water splitting［J］. International Journal of Hydrogen Energy，2013，38（3）：1251-1257.

[3] Perdew J P，Burke K，Ernzerhof M. Generalized gradient approximation made simple［J］. Physical Review Letters，1998，77（18）：3865-3868.

[4] Fujishima A，Honda K. Electrochemical photolysis of water at a semiconductor electrode［J］. Nature，1972，238（5358）：37-38.

[5] Chen X，Shen S，Guo L，et al. Semiconductor-based photocatalytic hydrogen generation［J］. Chemical Reviews，2010，110（11）：6503-6570.

实验三十二 CO 分子在 Pd(110) 表面吸附性质的理论研究

一、实验目的

1. 熟悉第一性原理计算软件的安装和使用方法。
2. 掌握利用 CASTEP 模块计算气体分子在金属表面上的吸附能的方法。

二、实验原理

在多相催化体系中，小分子与金属之间的吸附作用起着重要作用。CO 分子常被用作探针分子，通过研究其吸附特性以便观察小分子与金属表面吸附作用的内在机理。此外，CO 也是有机合成反应的一个重要原料，金属是此类反应中最常用的催化剂，这些反应往往在金属表面进行。为此，研究 CO 分子在金属表面的吸附特性，不但可以探讨各种金属催化 CO 有机反应的可能性，而且可以为该反应机理提供理论支持。

本实验采用基于密度泛函理论的第一性原理方法，从原子与电子层次上观察 CO 分子在 Pd(110) 表面的吸附特性，以获得 CO 在 Pd 表面的吸附特性及 CO 对 Pd 表面电子结构的调制机理。

1. 密度泛函理论

基于量子力学基本原理，在实际计算中从具体要求出发，对原子核和电子的相互作用原理及其运动的基本规律进行一些近似的数学物理模型处理，或者进行合理的假设简化薛定谔方程，通过求解对应的薛定谔方程来获得相应的计算结果，从而得到微观粒子体系性质的方法，称为第一性原理方法。近年来，随着计算机性能和计算方法的不断提高，第一性原理已被广泛接受并应用于固体表面吸附的研究中。

材料学、凝聚态物理中的第一性原理主要包含两大分支：密度泛函理论（density functional theory，DFT）和分子动力学（molecular dynamics，MD）。密度泛函理论是一种基于量子力学原理研究多电子体系电子结构的方法，1964 年 Hohenberg 和 Kohn 提出分子的基态性质是电子密度的泛函，并严格证明了著名的 HK 定理。

定理 1：多粒子体系非简并基态的所有性质都是基态电子密度 $\rho(r)$ 的唯一泛函。

定理 2：对于一个给定的外势 $V(r)$，真实的电子密度使能量泛函 $E(\rho)$ 取最小值。

密度泛函理论以 HK 定理为基础，用密度泛函描述和确定体系的性质而不求助于体系的波函数，使得复杂的多电子波函数及其对应的薛定谔方程转化为简单的电子密度函数及其对应的计算体系。它为化学和固体物理中的电子结构计算提供了一种新的途径。在核处于静态的假设下，利用理论可以准确地预测原子、分子和固体基态的能量和电子自旋密度、键长、键角等。近年来，密度泛函理论在物理和化学上都有广泛的应用，特别是用来研究分子和凝聚态的性质，是凝聚态物理、计算材料学和计算化学领域最常用的方法之一。

2. 计算软件

本实验使用 Accelrys 公司开发的软件 Materials Studio。该软件是一款功能强大的模拟软件，支持多种操作平台，能够综合应用多种先进的算法，可以优化构型、预测性质、分析X射线以及进行一些量子力学计算和复杂的动力学模拟，模拟的内容涵盖了化学研究领域的主要课题，如聚合物、催化剂、固体及表面、晶体与衍射以及化学反应等。

CASTEP（cambridge sequential total energy package）是一个基于密度泛函方法的从头算量子力学程序。总能量包含动能、静电能和交换关联能三部分，各部分能量都可以表示成密度的函数。电子与电子相互作用的交换和相关效应采用局域密度近似（LDA）和广义梯度近似（GGA），静电势只考虑作用在系统价电子的有效势，电子波函数用平面波基组扩展，电子状态方程采用数值求解，电子的密度由分子轨道波函数构造，分子轨道波函数采用原子轨道的线性组合（LCAO）构成。计算总能量时采用自洽场方法（SCF）迭代。典型的应用包括表面化学、键结构、态密度和光学性质等研究，CASTEP也可用于研究体系的电荷密度和波函数的3D形式。

3. 表面吸附能

表面吸附是在物理或化学力场的作用下，某种物质分子能够附着或结合在两相界面上，使其浓度与两相本体不同的现象，即在界面上发生增浓现象。吸附是发生在材料表面的重要现象，是固体表面的特征之一，对固体表面性质有很重要的影响。通常将表面发生吸附作用的固体称作吸附剂，被吸附的气体等称为吸附质。

吸附能是衡量吸附体系稳定性的一个能量指标，可以大致区分是物理吸附还是化学吸附。通过吸附能的大小，可以判断吸附质和固体吸附剂表面之间作用力的强弱，吸附能的定义如下：

$$\Delta E_{\text{ads}} = E_{\text{adsorption system}} - E_{\text{adsorbate}} - E_{\text{surface}} \tag{5-5}$$

式中，$E_{\text{adsorption system}}$ 表示吸附后体系的总能量；$E_{\text{adsorbate}}$ 和 E_{surface} 分别表示吸附前被吸附物和底物的能量。吸附能值越负，说明吸附体系越稳定。

三、计算软件及方法

采用 Material Studio 软件包的 CASTEP 程序进行计算。CASTEP 为基于密度泛函理论（DFT）的平面波赝势方法的量子力学程序。运用广义梯度近似（GGA）方法，泛函形式为PBE（Perdew-Burke-Ernzerhof）。计算过程中电子波函数取截断能为 300 eV，K 网格大小为 $3\times4\times1$，自洽计算总能量收敛精度为 5.0×10^{-5} eV/atom。

四、实验内容

1. 构建计算模型

首先启动 Materials Studio 并创建一个新项目。本实验包含了五个不同的计算。为了便于管理，需要一开始就在根目录下建立五个子文件夹，将它们分别命名为 Pd bulk、Pd(110)、CO molecule、(1×1) CO on Pd(110)和（2×1）CO on Pd(110)。

2. 优化 bulk Pd

Materials Studio 自带的晶体库中即包含 Pd 的晶体结构。在 Project Explorer 内找到并引入 Pd. msi，显示 Pd 的三维结构。运用 CASTEP 对 Pd 的结构进行几何优化，可得 Pd 优化后的结构。

3. 建立并优化 CO 分子结构模型

使用 Build Crystal 工具创建一个空的晶胞，把 CO 分子放入晶格内，并优化 CO 分子结构。

4. 构建 Pd(110)表面

首先切出一个表面，其次创建一个包含了表面的真空层。

5. 弛豫 Pd(110)表面

优化 Pd(110)表面结构，计算体系的态密度。

6. 在 1×1 Pd(110)表面添加 CO 分子并进行结构优化

在 Pd(110) 短桥位上方添加 CO 分子，根据 Pd(110)表面 CO 分子吸附的实验中测定的键长来确定 CO 和 Pd(110)表面的距离。

7. 建立和优化 2×1 Pd(110)面

使用 Superce ll 工具把 1×1 的晶胞改成为 2×1 的晶胞，修正 Pd—C 和 C—O 的键长，对系统进行优化。

五、数据处理

1. 能量分析

计算化学吸附能 ΔE_{chem}。吸附能定义为吸附前后各物质总能量的变化，即：

$$\Delta E_{\text{chem}} = 0.5E_{(2\times1)_{\text{CO on Pd(110)}}} - E_{\text{Pd(110)}} - E_{\text{CO molecule}} \tag{5-6}$$

允许 CO 分子彼此倾斜，降低分子的自我排斥力，这会导致能量的增加。排斥能可从下式得到：

$$\Delta E_{\text{rep}} = 0.5E_{(2\times1)_{\text{CO on Pd(110)}}} - E_{(1\times1)_{\text{CO on Pd(110)}}} \tag{5-7}$$

从 CASTEP 的文本输出文档中摘录每一次模拟的整个能量，计算体系的吸附能和排斥能。

2. 态密度分析

对态密度的考察可以了解 CO 分子和 Pd(110)表面的成键机理。利用 CASTEP 工具，分析孤立的 CO 分子的态密度和（2×1）CO on Pd(110)结构中 CO 分子的态密度。

六、注意事项

1. 晶体的晶胞优化需要以比默认参数更加精确的参数进行计算，将精度“Quality”从“Medium”更改为“Fine”。

2. 使用添加原子工具时，需要使用分数坐标。

3. 随着 CO 分子的引入，Pd 的对称性会发生改变。可以通过运用 Find Symmetry 工具找到并加上对称性。

七、思考题

1. 表面吸附中的能量对应原则和几何对应原则分别是什么？

2. 表面现象的模拟计算可能应用在哪些领域？

参考文献

[1] Ramprasad R, Glassford K M, Adams J B, et al. CO on Pd (110): determination of the optimal adsorption site [J]. Surface Science, 1996, 360 (1/2): 31-42.

[2] Blyholder G, Sellers H. Adsorption sites on Pd (110): Bridge and on- top CO [M]. New York: Springer, 1992.